Zahlenzauber 3

Arbeitsheft
Ausgabe Bayern
Lösungen

Name

Oldenbourg

Ferienerinnerungen

SB S. 4/5

Finde zu den Texten die passenden Fragen, Rechnungen und Antworten.
Färbe in der gleichen Farbe, was zusammengehört. Vergleiche mit deinem Partner.

① Ich war im Zeltlager. In der ersten Woche waren wir 48 Kinder, in der zweiten Woche nur noch 23 Kinder.

② An unserem Strand waren viele Muscheln. Mein Bruder hat 37 Muscheln gefunden, ich 22.

③ Wir sind mit einem Bus nach Spanien gefahren. Im Bus waren 12 Kinder und 36 Erwachsene.

④ Bei unserer Radtour sind wir am ersten Tag 4 Stunden gefahren, am zweiten Tag doppelt so lang und am dritten Tag von 9 Uhr bis 13 Uhr.

⑤ Für unser Grillfest haben wir 30 kleine Maiskolben besorgt, damit jeder 3 Maiskolben essen konnte.

⑥ Wir sind mit einer Sesselbahn auf einen Berg gefahren. Meine Eltern mussten je 8 € bezahlen, ich die Hälfte.

④ Wie viele Stunden sind wir insgesamt gefahren?

③ Wie viele Personen waren im Bus?

⑤ Wie viele Personen waren beim Grillfest?

② Wie viele Muscheln waren das insgesamt?

① Wie viele Kinder sind nach der ersten Woche heimgefahren?

⑥ Wie viel mussten wir insgesamt bezahlen?

⑤ 30 : 3 = 10

④ 4 h + 8 h + 4 h = 16 h

③ 12 + 36 = 48

② 37 + 22 = 59

① 48 – 25 = 23

⑥ 8 € + 8 € + 4 € = 20 €

⑤ 10 Personen waren beim Grillfest.

③ Im Bus waren 48 Personen.

④ Wir sind insgesamt 16 Stunden gefahren.

② Es waren insgesamt 59 Muscheln.

① Es sind 25 Kinder heimgefahren.

⑥ Wir mussten insgesamt 20 € bezahlen.

Hunderter, Zehner, Einer ①

SB S. 6/7

① Trage die Zahlen in die Stellenwerttafel ein oder zeichne sie.

H	Z	E
1	3	5
1	4	7
1	7	2
1	0	9
1	8	0
1	4	1
	6	4
1	0	3
1	0	0
1	7	0

② Rechnen mit Einern und Zehnern ⊕

a) 26 + 2 = 28   36 + 3 = 39   51 + 4 = 55   46 + 4 = 50

b) 25 + 10 = 35   23 + 20 = 43   31 + 30 = 61   13 + 40 = 53

③ Rechnen mit Einern und Zehnern ⊖

a) 27 – 5 = 22   38 – 6 = 32   49 – 7 = 42   35 – 4 = 31

b) 56 – 20 = 36   53 – 30 = 23   67 – 40 = 27   43 – 30 = 13

Hunderter, Zehner, Einer ②

SB S. 6/7

① Lege im Kopf dazu. Rechne.

a) Immer (+1)	b) Immer (+10)	c) Immer (+5)	d) Immer (+40)
27 + 1 = 28	15 + 10 = 25	24 + 5 = 29	16 + 40 = 56
49 + 1 = 50	29 + 10 = 39	42 + 5 = 47	29 + 40 = 69
66 + 1 = 67	48 + 10 = 58	61 + 5 = 66	43 + 40 = 83
82 + 1 = 83	74 + 10 = 84	73 + 5 = 78	58 + 40 = 98
99 + 1 = 100	86 + 10 = 96	95 + 5 = 100	60 + 40 = 100

② Nimm im Kopf weg. Rechne.

a) Immer (–1)	b) Immer (–10)	c) Immer (–3)	d) Immer (–30)
20 – 1 = 19	28 – 10 = 18	39 – 3 = 36	35 – 30 = 5
35 – 1 = 34	44 – 10 = 34	57 – 3 = 54	51 – 30 = 21
58 – 1 = 57	69 – 10 = 59	78 – 3 = 75	79 – 30 = 49
86 – 1 = 85	81 – 10 = 71	86 – 3 = 83	85 – 30 = 55
100 – 1 = 99	95 – 10 = 85	95 – 3 = 92	98 – 30 = 68

③ Überlege: Welche Stellen ändern sich jeweils? Rechne.

a)
46 + 3 = 49
46 + 30 = 76
46 + 33 = 79

b)
32 + 6 = 38
32 + 60 = 92
32 + 66 = 98

c)
23 + 5 = 28
23 + 50 = 73
23 + 55 = 78

d)
89 – 7 = 82
89 – 70 = 19
89 – 77 = 12

e)
65 – 4 = 61
65 – 40 = 25
65 – 44 = 21

f)
98 – 6 = 92
98 – 60 = 38
98 – 66 = 32

g)
36 + 4 = 40
36 + 40 = 76
36 + 44 = 80

★ h)
63 – 4 = 59
63 – 40 = 23
63 – 44 = 19

100 und über 100 hinaus

SB S. 8/9

① Wie heißen die Zahlen am Zahlenstrahl?

Zahlenstrahl 0 – 100 (0, 10, 20, 30, 40, 50, 60, 70, 80, 90, 100): 8, 25, 42, 68, 84, 94

Zahlenstrahl 100 – 200 (100, 110, 120, 130, 140, 150, 160, 170, 180, 190, 200): 108, 125, 142, 168, 184, 194

Was fällt dir auf? Tausche dich mit deinem Partner aus. *Die Z und E sind immer gleich, beim unteren Zahlenstrahl steht bei jeder Zahl vorne 1 Hunderter.*

② Nachbarn gesucht

34 35 36	41 42 43	56 57 58
134 135 136	141 142 143	156 157 158
68 69 70	70 71 72	98 99 100
168 169 170	170 171 172	198 199 200

③ Vorwärts und rückwärts zählen: Schreibe die fehlenden Zahlen auf.

a) 97, 98, 99, 100, 101, 102
b) 107, 108, 109, 110, 111, 112
c) 122, 121, 120, 119, 118, 117
d) 165, 164, 163, 162, 161, 160

④ Erkennst du das Muster? Setze die Zahlenfolgen fort.

a) 134, 136, 138, 140, 142, 144 (+2)
b) 151, 153, 155, 157, 159, 161
c) 186, 184, 182, 180, 178, 176
d) 107, 105, 103, 101, 99, 97
e) 147, 150, 153, 156, 159, 162
f) 186, 183, 180, 177, 174, 171
★ g) 114, 117, 121, 126, 132, 139, 147, 156
★ h) 174, 178, 176, 180, 178, 182, 180, 184

i) Schreibe weitere Zahlenfolgen in dein Heft. Erkläre deine Zahlenfolgen.

Addieren ⊕ über den Zehner

SB S. 10

① Kreise ein und rechne.

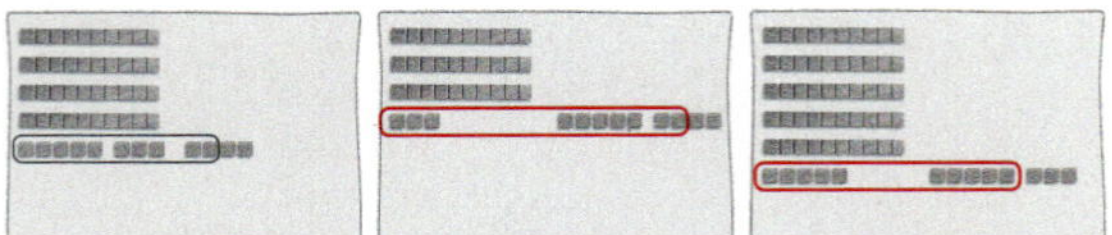

48 + 4 = 52 | 33 + 9 = 42 | 55 + 8 = 63

② Lege die Aufgabe mit Material oder im Kopf. Rechne.

a) 37 + 5 = 42	b) 36 + 8 = 44	c) 56 + 7 = 63	d) 89 + 6 = 95
46 + 5 = 51	48 + 8 = 56	38 + 7 = 45	28 + 6 = 34
e) 75 + 9 = 84	f) 89 + 4 = 93	g) 68 + 3 = 71	h) 42 + 9 = 51
83 + 9 = 92	37 + 4 = 41	59 + 3 = 62	73 + 9 = 82

③ Kreise ein und rechne.

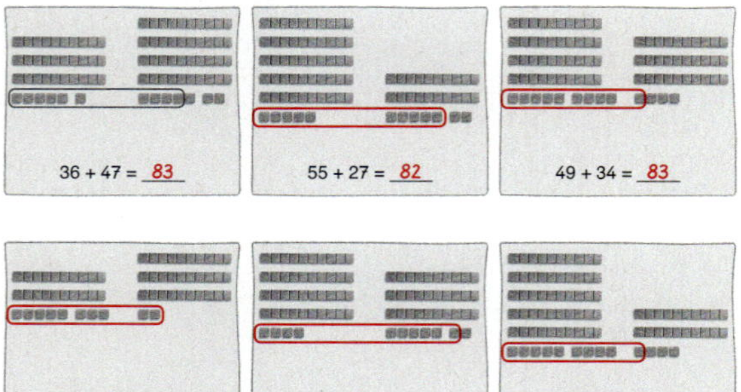

36 + 47 = 83 | 55 + 27 = 82 | 49 + 34 = 83

28 + 32 = 60 | 44 + 37 = 81 | 59 + 24 = 83

④ Lege die Aufgaben mit Material oder im Kopf. Rechne.

a) 38 + 44 = 82	b) 18 + 36 = 54	c) 46 + 17 = 63	d) 39 + 53 = 92
26 + 65 = 91	26 + 19 = 45	67 + 25 = 92	65 + 16 = 81

Subtrahieren ⊖ über den Zehner

SB S. 11

① Streiche weg und rechne.

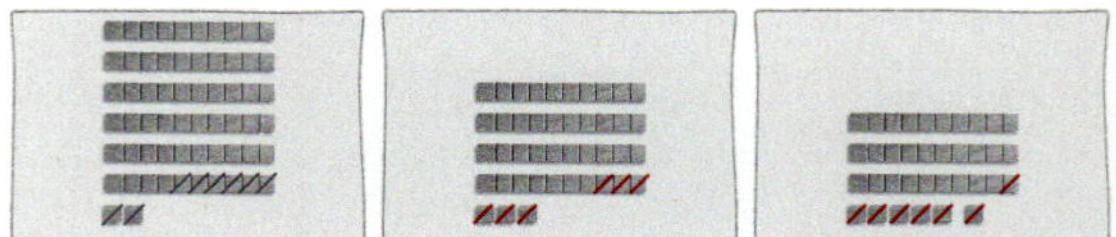

62 – 8 = 54 | 43 – 6 = 37 | 36 – 7 = 29

② Lege die Aufgabe mit Material oder im Kopf. Rechne.

a) 74 – 5 = 69	b) 66 – 8 = 58	c) 81 – 3 = 78	d) 28 – 9 = 19
32 – 5 = 27	94 – 8 = 86	72 – 3 = 69	45 – 9 = 36
e) 65 – 7 = 58	f) 23 – 4 = 19	g) 54 – 6 = 48	h) 81 – 8 = 73
33 – 7 = 26	81 – 4 = 77	92 – 6 = 86	43 – 8 = 35

③ Streiche weg und rechne.

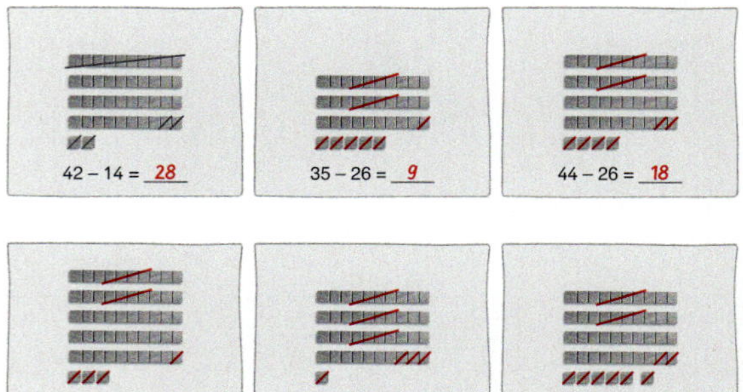

42 – 14 = 28 | 35 – 26 = 9 | 44 – 26 = 18

53 – 24 = 29 | 41 – 33 = 8 | 46 – 28 = 18

④ Lege die Aufgabe mit Material oder im Kopf. Rechne.

a) 62 – 14 = 48	b) 74 – 48 = 26	c) 83 – 68 = 15	d) 94 – 56 = 38
81 – 43 = 38	56 – 19 = 37	76 – 68 = 8	98 – 29 = 69

Verschiedene Rechenwege ⊕

SB S. 12

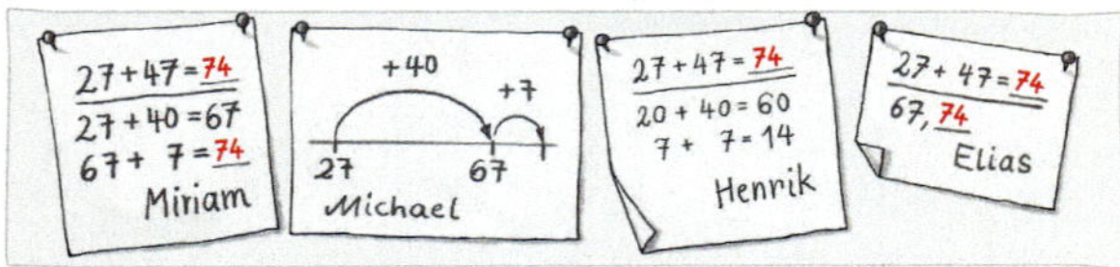

① Rechne auf deinem Weg. Vergleicht eure Rechenwege.

27 + 47 = 74	66 + 25 = 91	13 + 68 = 81
51 + 49 = 100	65 + 17 = 82	36 + 48 = 84
46 + 18 = 64	24 + 35 = 59	58 + 15 = 73
64 + 28 = 92	35 + 47 = 82	43 + 28 = 71
39 + 42 = 81	48 + 23 = 71	72 + 16 = 88
59 + 23 = 82	35 + 45 = 80	24 + 56 = 80

Verschiedene Rechenwege ⊖

SB S. 13

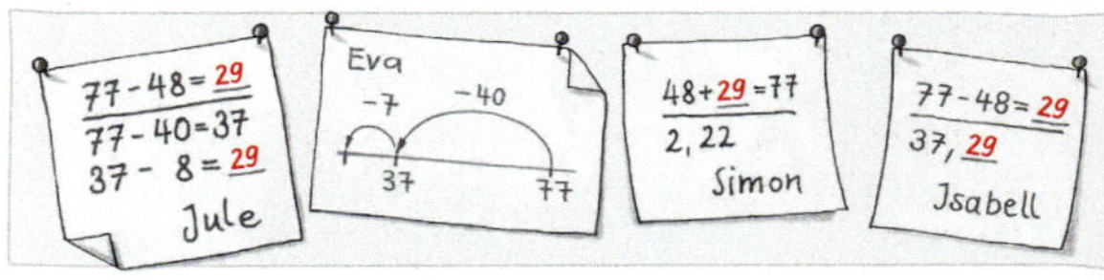

① Rechne auf deinem Weg. Vergleicht eure Rechenwege.

77 – 48 = 29	64 – 25 = 39	93 – 67 = 26
61 – 48 = 13	65 – 17 = 48	86 – 47 = 39
98 – 21 = 77	73 – 16 = 57	42 – 28 = 14
42 – 39 = 3	78 – 34 = 44	54 – 29 = 25
62 – 46 = 16	80 – 16 = 64	98 – 65 = 33
26 – 24 = 2	72 – 69 = 3	100 – 78 = 22

Rechendreiecke

SB S. 15

① Ergänze die Rechendreiecke.

a)

33	18	30	15	12	27
93	33	65	60	32	92
35	12	70	23	58	81

b)

44	20	77	24	57	81
67	17	36	50	19	69
100	55	73	45	18	63

c)

33	18	32	15	14	29
99	80	97	19	17	36
57	35	53	22	18	40

d)

40	12	35	28	23	51
93	40	67	53	27	80
94	48	95	46	47	93

Zeichne dein schönstes Rechendreieck in dein 📖. Wie kann dein Partner dein Rechendreieck lösen? Erkläre.

★ ② Knobeldreiecke

60	10	60	50	50	100
70	40	60	30	20	50
74	42	64	32	22	54

Wie bist du vorgegangen? Tausche dich mit deinem Partner aus.

Wie Kinder ihre Freizeit verbringen ①

SB S. 16/17

① Was lesen Kinder gerne?
Die Kinder der Klassen 3a und 3b führten eine Umfrage durch.
Jeder durfte zwei Lieblingsbücher nennen.

	Abenteuerbücher	Comics	Tierbücher	Zaubergeschichten	Sachbücher	Märchen
Klasse 3a	10	6	17	10	7	10
Klasse 3b	13	12	8	7	11	3

a) Zeichne ein Diagramm zu den Umfrageergebnissen.

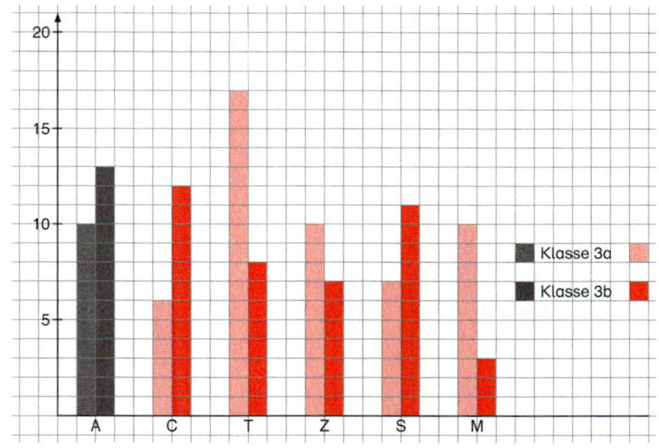

b) Welche Aussagen stimmen? Kreuze sie an ☒.

- ☒ In der Klasse 3a sind Tierbücher am beliebtesten.
- ☒ In der Klasse 3b sind Abenteuerbücher, Comics und Sachbücher beliebter als in der Klasse 3a.
- ☒ Märchen wurden von der Klasse 3b am wenigsten genannt.
- ☐ Die Klasse 3b liest am liebsten Sachbücher.
- ☐ Dreimal so viele Kinder der 3a wie der 3b lesen gerne Sachbücher.
- ☒ Sowohl die Klasse 3a als auch die Klasse 3b liest gerne Abenteuerbücher.
- ☒ Die meisten Kinder haben Tierbücher genannt.
- ☐ Die Klasse 3a hat Sachbücher am wenigsten genannt.

② Was lesen die Kinder deiner Klasse am liebsten? Erstellt ein Diagramm.

Wie Kinder ihre Freizeit verbringen ②

SB S. 16/17

① Paul und Anna haben eine Woche lang notiert, wie viel Zeit sie am Computer verbracht haben. Sie haben ein Diagramm erstellt.

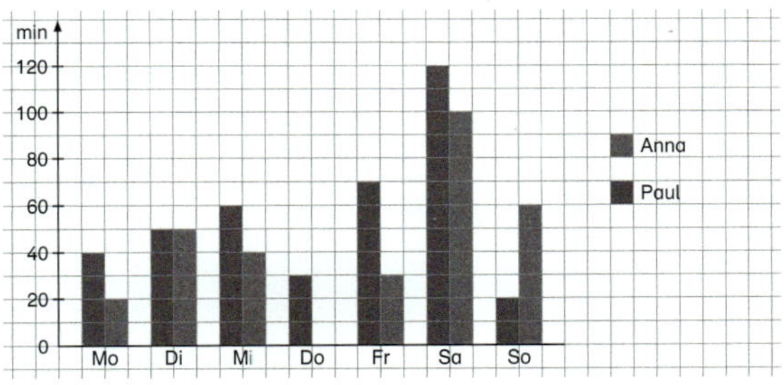

a) Übertrage die Angaben aus dem Diagramm in die Tabelle.

	Mo	Di	Mi	Do	Fr	Sa	So
Anna	20 min	50 min	40 min		30 min	100 min	60 min
Paul	40 min	50 min	60 min	30 min	70 min	120 min	20 min

b) Welche Aussagen stimmen. Kreuze sie an ☒.

- ☒ Paul verbrachte mehr Zeit am Computer als Anna.
- ☐ Am Donnerstag nutzte Paul den Computer nicht.
- ☐ Am Dienstag verbrachte Anna 20 Minuten am Computer.
- ☒ Am Dienstag verbrachten Anna und Paul gleich viel Zeit am Computer.
- ☒ Am Samstag verbrachte Paul die meiste Zeit am Computer.
- ☒ Anna nutzte den Computer in dieser Woche genau 5 Stunden.

c) Ergänze den Text. dreimal so lang | gleich lang | halb so lang

Am Montag nutzte Anna den Computer *halb so lang* wie Paul.

Am Sonntag nutzte Anna den Computer *dreimal so lang* wie Paul.

Am Dienstag nutzten Anna und Paul den Computer *gleich lang*.

② a) Wie viel Zeit verbringst du und dein Partner jeden Tag vor dem Fernseher? Schreibt eine Tabelle und erstellt dann ein Diagramm.
b) Unterhalte dich mit deinem Partner darüber, ob die Zeit vor dem Computer sinnvoll genutzte Zeit ist.

In einer alten Ritterburg

SB S. 18/19

① Simsala und Bim besichtigen Burg Schreckenstein.
Sie fotografieren sie von vorn, von hinten, von rechts und von links.

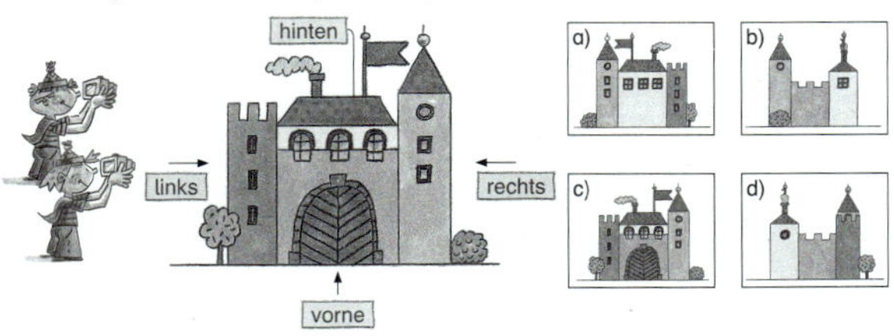

Von wo aus wurden die Bilder gemacht?

a) von *hinten* b) von *rechts* c) von *vorne* d) von *links*

Zeichne deine Ritterburg von vorne und von hinten in dein 📖.

② Auf der Burg gibt es auch ein Labyrinth. Darin sind wertvolle Schätze versteckt.

a) Zeichne Simsalas Weg rot ein. ——

Ich gehe geradeaus ins Labyrinth, an der ersten Kreuzung biege ich rechts ab. Ich gehe geradeaus, dann links, dann wieder geradeaus. Nun biege ich rechts ab, gehe durch einen schmalen Durchgang und biege bei der zweiten Möglichkeit nach rechts ab. Ich sehe *die Schatztruhe*!

b) Zeichne Bims Weg blau ein. - - - -

Ich gehe geradeaus, dann rechts, dann wieder geradeaus. Wenn es nicht mehr weitergeht, gehe ich links, geradeaus und dann rechts durch einen schmalen Durchgang. Nun biege ich links ab, gleich wieder links und komme wieder zu einem schmalen Durchgang. Ich biege dahinter rechts ab, gehe ein Stück geradeaus und nehme die zweite Abbiegung nach links. Nach einem kurzen Stück gehe ich rechts, dann gleich wieder links und finde *das Messer*!

Ritterburg und Schlossgespenst

SB S. 20/21

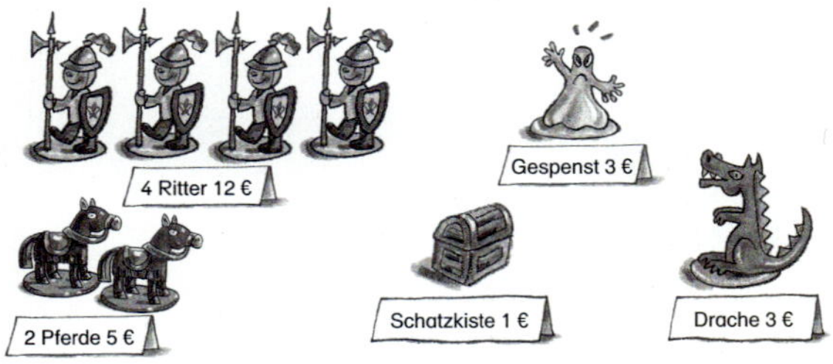

(1) Angebot der Woche: Schatzkiste, Drache, Gespenst, 2 Pferde und 8 Ritter im Paket 13 € günstiger. Wie viel musst du bezahlen?

1 € + 3 € + 3 € + 5 € + 12 € + 12 € = 36 €

36 € − 13 € = 23 €

A: Ich muss 23 € bezahlen.

(2) Du wünschst dir für deine Burg noch 12 Ritter und 6 Pferde. Was kostet alles zusammen? Reichen dir 50 €?

3 · 12 € + 3 · 5 € = 36 € + 15 € = 51 €

A: 50 € reichen nicht. Alles zusammen kostet 51 €.

(3) Greta gibt genau 30 € für Zubehör aus. Was könnte sie sich gekauft haben? Finde verschiedene Möglichkeiten.

z. B. 12 € + 12 € + 2 € + 3 € + 1 € = 30 €

z. B. 5 € + 5 € + 5 € + 5 € + 5 € + 5 € = 30 €

Finde eine weitere Aufgabe. Schreibe sie in dein 📖.

Grundwissen ①

SB S. 22/23

1 Zwischen welchen Zehnern liegen die Zahlen?

60 68 70	30 39 40	80 88 90	50 52 60
20 24 30	40 41 50	70 78 80	90 95 100

2 Trage in die Stellenwerttafel ein.

H	Z	E
0	5	3
3	0	5
1	0	0
0	7	1
0	2	7
0	8	0
1	0	9

3 Welche Stelle ändert sich? Markiere bei der ersten Zahl und rechne.

a)

45 + 2 = 47	63 + 30 = 93	56 − 5 = 51	78 − 70 = 8
45 + 30 = 75	63 + 5 = 68	56 − 40 = 16	78 − 6 = 72

b)

66 + 20 = 86	24 − 3 = 21	39 + 40 = 79	83 + 5 = 88
93 − 40 = 53	42 + 5 = 47	28 − 5 = 23	41 − 30 = 11

4 Lege im Kopf. Rechne.

27 + 4 = 31	43 − 5 = 38	27 + 24 = 51	43 − 25 = 18

a)	b)	c)	d)
38 + 5 = 43	44 − 5 = 39	38 + 25 = 63	44 − 25 = 19
45 + 7 = 52	85 − 7 = 78	45 + 37 = 82	85 − 37 = 48
75 + 8 = 83	65 − 8 = 57	75 + 18 = 93	65 − 28 = 37
26 + 5 = 31	23 − 5 = 18	26 + 35 = 61	23 − 15 = 8
48 + 7 = 55	86 − 7 = 79	48 + 37 = 85	86 − 27 = 59
36 + 8 = 44	57 − 8 = 49	36 + 48 = 84	57 − 28 = 29

Bist du fit? ①

SB S. 22/23

1 Schreibe die Nachbarzahlen auf.

27 28 29	85 86 87	40 41 42	68 69 70
127 128 129	185 186 187	140 141 142	168 169 170

2 Schreibe die passenden Zahlen auf.

41	135	102	120	60	106

3 Überlege: Welche Stellen ändern sich? Rechne.

a)	b)	c)
36 + 3 = 39	22 + 6 = 28	43 + 5 = 48
36 + 30 = 66	22 + 60 = 82	43 + 50 = 93
36 + 33 = 69	22 + 66 = 88	43 + 55 = 98

d)	e)	f)
69 − 5 = 64	85 − 4 = 81	78 − 6 = 72
69 − 50 = 19	85 − 40 = 45	78 − 60 = 18
69 − 55 = 14	85 − 44 = 41	78 − 66 = 12

4 Rechne.

a)	b)	c)	d)
27 + 5 = 32	27 + 37 = 64	77 − 5 = 72	77 − 28 = 49
66 + 4 = 70	66 + 25 = 91	64 − 5 = 59	64 − 35 = 29
36 + 8 = 44	36 + 38 = 74	93 − 7 = 86	93 − 67 = 26
51 + 9 = 60	51 + 28 = 79	61 − 8 = 53	61 − 28 = 33

5 Finde die nächsten beiden Aufgaben. Rechne.

a)	b)	c)	d)
34 + 18 = 52	43 + 47 = 90	93 − 46 = 47	47 − 38 = 9
36 + 16 = 52	53 + 37 = 90	94 − 36 = 58	48 − 37 = 11
38 + 14 = 52	63 + 27 = 90	95 − 26 = 69	49 − 36 = 13
40 + 12 = 52	73 + 17 = 90	96 − 16 = 80	50 − 35 = 15
42 + 10 = 52	83 + 7 = 90	97 − 6 = 91	51 − 34 = 17

Viele Möglichkeiten

SB S. 24/25

(1) Stefan liest die Speisekarte. Er überlegt: Wie viele verschiedene Kombinationen für eine Vorspeise, ein Hauptgericht und eine Nachspeise gibt es?

a) Zeichne den Plan fertig. Verwende die Buchstaben.

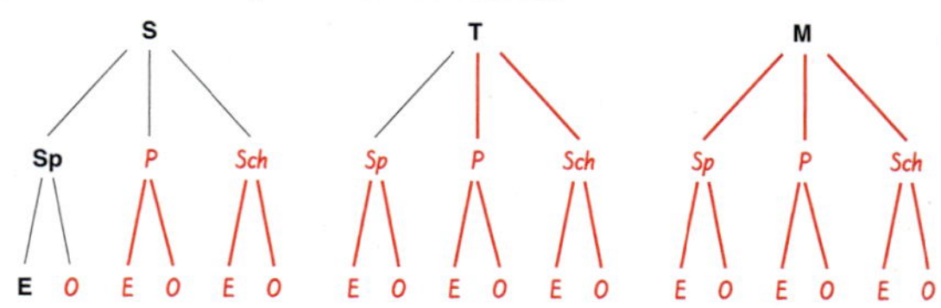

Es sind 18 Kombinationen.

b) So könnte der Plan auch aussehen: Ergänze die fehlenden Buchstaben.

S Sp E	S Sp O	S P E	S P O	S Sch E	S Sch O
T Sp E	T Sp O	T P E	T P O	T Sch E	T Sch O
M Sp E	M Sp O	M P E	M P O	M Sch E	M Sch O

Einmaleins üben ①

SB S. 26/27

① Kernaufgabentraining: Rechne.

4 · 2 = 8	8 · 10 = 80	2 · 5 = 10	7 · 2 = 14	7 · 5 = 35
5 · 2 = 10	9 · 10 = 90	3 · 5 = 15	8 · 2 = 16	8 · 5 = 40
6 · 2 = 12	10 · 10 = 100	4 · 5 = 20	9 · 2 = 18	9 · 5 = 45

2 · 2 = 4; 5 · 5 = 25; 8 · 8 = 64; 3 · 3 = 9; 6 · 6 = 36; 9 · 9 = 81; 4 · 4 = 16; 7 · 7 = 49; 10 · 10 = 100

Zeichne und schreibe die Quadrataufgaben in dein 📖.

② Ergebnisse von Kernaufgaben: Finde passende Malaufgaben.

- 8: 1 · 8, 4 · 2, 2 · 4, 8 · 1
- 16: 4 · 4, 8 · 2, 2 · 8
- 40: 4 · 10, 8 · 5, 5 · 8, 10 · 4

③ „Weiße" Aufgaben mithilfe der Kernaufgaben lösen

Kernaufgaben helfen.

a) Nachbaraufgaben

5 · 4 = 20	5 · 7 = 35	5 · 3 = 15	5 · 9 = 45	5 · 8 = 40
6 · 4 = 24	6 · 7 = 42	6 · 3 = 18	6 · 9 = 54	6 · 8 = 48
2 · 4 = 8	6 · 6 = 36	2 · 9 = 18	7 · 7 = 49	8 · 8 = 64
3 · 4 = 12	7 · 6 = 42	3 · 9 = 27	8 · 7 = 56	9 · 8 = 72

b) Verdoppeln und halbieren

2 · 7 = 14	2 · 8 = 16	6 · 6 = 36	6 · 5 = 30	2 · 6 = 12
4 · 7 = 28	4 · 8 = 32	3 · 6 = 18	3 · 5 = 15	4 · 6 = 24

c) Kernaufgaben zusammenbauen

6 · 6 = 36	5 · 8 = 40	5 · 4 = 20	5 · 3 = 15	5 · 9 = 45
1 · 6 = 6	2 · 8 = 16	4 · 4 = 16	2 · 3 = 6	1 · 9 = 9
7 · 6 = 42	7 · 8 = 56	9 · 4 = 36	7 · 3 = 21	6 · 9 = 54

Einmaleins üben ②

SB S. 26/27

① Aufgabenreihen aus der Einmaleinstabelle

a)

4 · 6 = 24	3 · 4 = 12	4 · 8 = 32	2 · 3 = 6
5 · 6 = 30	4 · 4 = 16	5 · 8 = 40	3 · 3 = 9
6 · 6 = 36	5 · 4 = 20	6 · 8 = 48	4 · 3 = 12

b)

4 · 3 = 12	6 · 6 = 36	7 · 7 = 49	8 · 8 = 64
5 · 3 = 15	7 · 6 = 42	8 · 7 = 56	9 · 8 = 72
6 · 3 = 18	8 · 6 = 48	9 · 7 = 63	10 · 8 = 80

② „Weiße" Aufgaben lösen

(9·)	(3·)	(6·)	(7·)	(8·)	(4·)
9 · 4 = 36	3 · 4 = 12	6 · 4 = 24	7 · 3 = 21	8 · 9 = 72	4 · 3 = 12
9 · 6 = 54	3 · 9 = 27	6 · 7 = 42	7 · 6 = 42	8 · 3 = 24	4 · 6 = 24
9 · 3 = 27	3 · 7 = 21	6 · 3 = 18	7 · 8 = 56	8 · 6 = 48	4 · 8 = 32
9 · 8 = 72	3 · 6 = 18	6 · 9 = 54	7 · 9 = 63	8 · 4 = 32	4 · 9 = 36

③ a)

·	2	4	8
1	2	4	8
2	4	8	16
3	6	12	24
4	8	16	32
5	10	20	40
6	12	24	48
7	14	28	56
8	16	32	64
9	18	36	72
10	20	40	80

b)

·	3	6	9
1	3	6	9
2	6	12	18
3	9	18	27
4	12	24	36
5	15	30	45
6	18	36	54
7	21	42	63
8	24	48	72
9	27	54	81
10	30	60	90

c)

·	5	10
1	5	10
2	10	20
3	15	30
4	20	40
5	25	50
6	30	60
7	35	70
8	40	80
9	45	90
10	50	100

d)

·	7
1	7
2	14
3	21
4	28
5	35
6	42
7	49
8	56
9	63
10	70

Einmaleins üben ③

SB S. 26/27

① Rechne. Setze die Reihen fort.

a)	b)	c)	d)
2 · 7 = 14	5 · 8 = 40	6 · 6 = 36	5 · 9 = 45
3 · 7 = 21	6 · 8 = 48	7 · 6 = 42	6 · 9 = 54
4 · 7 = 28	7 · 8 = 56	8 · 6 = 48	7 · 9 = 63
5 · 7 = 35	8 · 8 = 64	9 · 6 = 54	8 · 9 = 72
6 · 7 = 42	9 · 8 = 72	10 · 6 = 60	9 · 9 = 81
7 · 7 = 49	10 · 8 = 80		10 · 9 = 90
8 · 7 = 56			

Schreibe Aufgabenreihen in dein 📖.

② Welcher Ball gehört in welchen Korb? Verbinde.

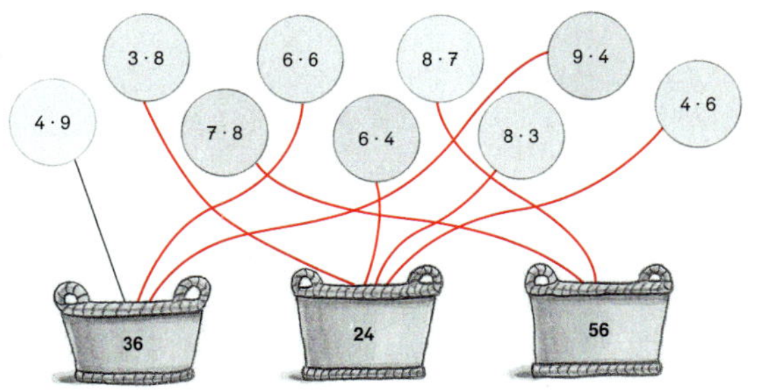

③ Diese Aufgaben musst du gut können. Rechne.

a)	b)	c)	d)
6 · 7 = 42	9 · 8 = 72	3 · 6 = 18	8 · 9 = 72
7 · 8 = 56	6 · 4 = 24	7 · 9 = 63	3 · 9 = 27
9 · 6 = 54	4 · 8 = 32	8 · 3 = 24	7 · 4 = 28

e)	f)	g)	g)
5 · 7 = 35	8 · 7 = 56	4 · 6 = 24	3 · 8 = 24
6 · 9 = 54	9 · 7 = 63	7 · 6 = 42	9 · 3 = 27
8 · 4 = 32	3 · 7 = 21	6 · 3 = 18	7 · 8 = 56

Einmaleins-Verwandtschaften

SB S. 28/29

① Trage die fehlenden Zahlen ein.

② Vielfache finden

a) Umfahre: Vielfache von 2 rot, ◯
Vielfache von 4 blau. ◌

Was fällt dir auf? Erkläre.

Alle Vielfachen von 4 sind auch Vielfache von 2.

b) Umfahre: Vielfache von 4 rot, ◯
Vielfache von 8 blau. ◌

Was fällt dir auf? Erkläre.

Alle Vielfachen von 8 sind auch Vielfache von 4.

c) Umfahre: Vielfache von 3 rot, ◯
Vielfache von 6 blau, ◌
Vielfache von 9 grün. ◌

① Ein Punktefeld – vier Aufgaben

a)  b) 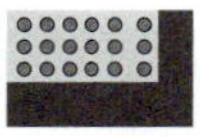 c) 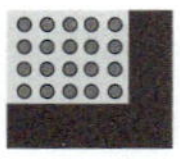 d) 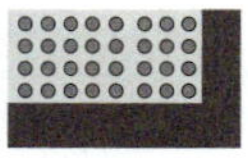

a)	b)	c)	d)
6 · 2 = 12	3 · 6 = 18	4 · 5 = 20	4 · 8 = 32
2 · 6 = 12	6 · 3 = 18	5 · 4 = 20	8 · 4 = 32
12 : 2 = 6	18 : 6 = 3	20 : 5 = 4	32 : 8 = 4
12 : 6 = 2	18 : 3 = 6	20 : 4 = 5	32 : 4 = 8

② Verbinde die passenden Mal- und Geteiltaufgaben. Rechne.

a)
- 63 : 7 = 9 — 9 · 7 = 63
- 42 : 7 = 6 — 6 · 7 = 42
- 54 : 9 = 6 — 6 · 9 = 54
- 36 : 9 = 4 — 4 · 9 = 36

(rechte Spalte: 6 · 9 = 54, 4 · 9 = 36, 9 · 7 = 63, 6 · 7 = 42)

b)
- 28 : 4 = 7 — 7 · 4 = 28
- 36 : 4 = 9 — 9 · 4 = 36
- 42 : 6 = 7 — 7 · 6 = 42
- 48 : 6 = 8 — 8 · 6 = 48

(rechte Spalte: 9 · 4 = 36, 8 · 6 = 48, 7 · 4 = 28, 7 · 6 = 42)

③ Dividiere. Die Malaufgabe hilft.

a)		b)	
21 : 7 = 3	3 · 7 = 21	63 : 9 = 7	7 · 9 = 63
56 : 7 = 8	8 · 7 = 56	36 : 6 = 6	6 · 6 = 36
72 : 9 = 8	8 · 9 = 72	27 : 9 = 3	3 · 9 = 27
48 : 8 = 6	6 · 8 = 48	28 : 7 = 4	4 · 7 = 28
42 : 6 = 7	7 · 6 = 42	56 : 8 = 7	7 · 8 = 56

④ Finde die restlichen 5 Fehler.

a)		b)		c)	
28 : 7 = 4	✓	24 : 8 = 3	✓	54 : 9 = ~~5~~	6
42 : 7 = ~~8~~	6	48 : 8 = ~~4~~	6	63 : 9 = 7	✓
21 : 7 = 3	✓	56 : 8 = 7	✓	72 : 9 = 8	✓
56 : 7 = 8	✓	48 : 8 = 6	✓	81 : 9 = 9	✓
63 : 7 = ~~7~~	9	72 : 8 = ~~8~~	9	27 : 9 = ~~4~~	3

① Drei Zahlen – vier Aufgaben

3 7 21	9 72 8	7 56 8
3 · 7 = 21	9 · 8 = 72	7 · 8 = 56
7 · 3 = 21	8 · 9 = 72	8 · 7 = 56
21 : 7 = 3	72 : 8 = 9	56 : 8 = 7
21 : 3 = 7	72 : 9 = 8	56 : 7 = 8

7 6 42	30 6 5	4 8 32
7 · 6 = 42	6 · 5 = 30	4 · 8 = 32
6 · 7 = 42	5 · 6 = 30	8 · 4 = 32
42 : 6 = 7	30 : 5 = 6	32 : 4 = 8
42 : 7 = 6	30 : 6 = 5	32 : 8 = 4

Wähle drei Zahlen. Schreibe dazu vier Aufgaben in dein 📖. *analog für* 4 8 2

② Drei Zahlen – zwei Aufgaben

a) 7 49 7	b) 8 64 8	c) 9 9 81
7 · 7 = 49	8 · 8 = 64	9 · 9 = 81
49 : 7 = 7	64 : 8 = 8	81 : 9 = 9

★ ③ Suche drei Zahlen, die zusammengehören.

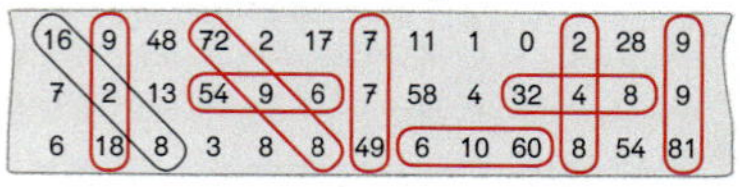

16	9	48	72	2	17	7	11	1	0	2	28	9
7	2	13	54	9	6	7	58	4	32	4	8	9
6	18	8	3	8	8	49	6	10	60	8	54	81

★ ④ Durch welche Zahl wird geteilt? Finde jeweils zwei weitere Paare.

a) : 9		b) : 8		c) : 7		d) : 6	
81	9	32	4	28	4	18	3
27	3	48	6	35	5	30	5
z. B. 63	7	40	5	21	3	24	4

① Rechne. Schreibe jeweils die Malaufgabe, die Tauschaufgabe und eine Umkehraufgabe.

a) 6 · 7 = 42	6 · 8 = 48	9 · 6 = 54	7 · 8 = 56
7 · 6 = 42	8 · 6 = 48	6 · 9 = 54	8 · 7 = 56
42 : 6 = 7	48 : 6 = 8	54 : 9 = 6	56 : 7 = 8
b) 4 · 7 = 28	9 · 7 = 63	8 · 9 = 72	3 · 8 = 24
7 · 4 = 28	7 · 9 = 63	9 · 8 = 72	8 · 3 = 24
28 : 4 = 7	63 : 9 = 7	72 : 8 = 9	24 : 3 = 8

② Immer zwei Aufgaben gehören zusammen. Verbinde.

- 4 · 7 = 28 — 28 : 7 = 4
- 24 : 4 = 6 — 4 · 6 = 24
- 8 · 7 = 56 — 56 : 8 = 7
- 7 · 6 = 42 — 42 : 7 = 6
- 6 · 9 = 54 — 54 : 6 = 9
- 48 : 6 = 8 — 6 · 8 = 48

③ Suche die passende Malaufgabe. Rechne.

a) 45 : 9 = 5	42 : 7 = 6	63 : 7 = 9	64 : 8 = 8
5 · 9 = 45	6 · 7 = 42	9 · 7 = 63	8 · 8 = 64
b) 48 : 6 = 8	49 : 7 = 7	56 : 7 = 8	32 : 8 = 4
8 · 6 = 48	7 · 7 = 49	8 · 7 = 56	4 · 8 = 32
c) 36 : 9 = 4	28 : 7 = 4	72 : 8 = 9	54 : 9 = 6
4 · 9 = 36	4 · 7 = 28	9 · 8 = 72	6 · 9 = 54

Vergleicht eure Malaufgaben.

① 20 Kekse werden verteilt an:

- 1 Kind 20 : 1 = 20
- 2 Kinder 20 : 2 = 10
- 3 Kinder 20 : 3 = 6 R 2
- 4 Kinder 20 : 4 = 5
- 5 Kinder 20 : 5 = 4
- 6 Kinder 20 : 6 = 3 R 2

② Welche Zahlen passen nicht? Streiche sie durch.

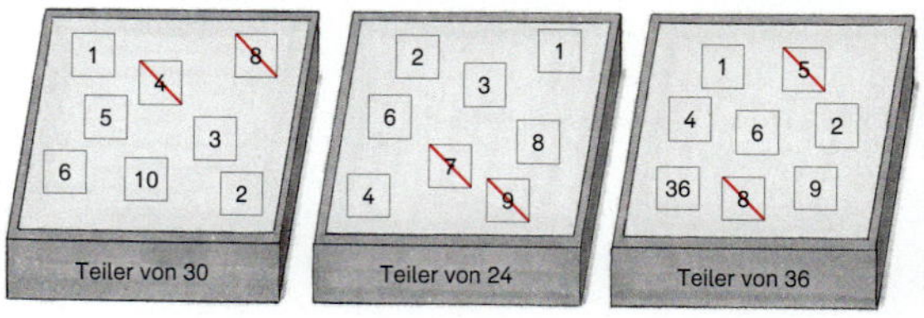

- Teiler von 30: 1, ~~4~~, ~~8~~, 5, 3, 6, 10, 2
- Teiler von 24: 2, 1, 3, 6, 8, ~~7~~, 4, ~~9~~
- Teiler von 36: 1, ~~5~~, 4, 6, 2, 36, ~~8~~, 9

③ a) Male jedes Zahlenkärtchen in der passenden Farbe an.

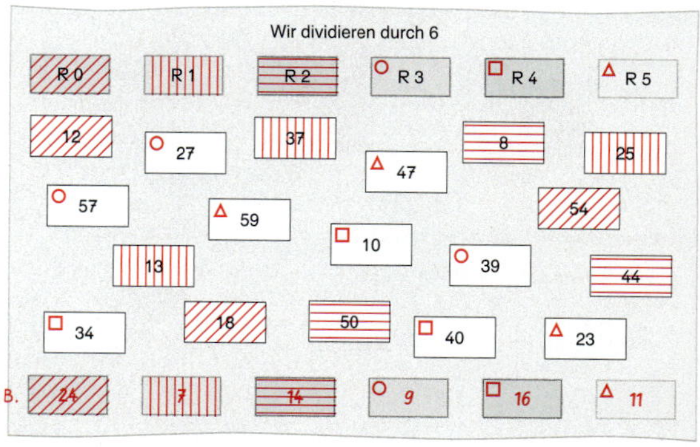

Wir dividieren durch 6

R 0 (schräg schraffiert)	R 1 (senkrecht gestreift)	R 2 (waagerecht gestreift)	R 3 ○	R 4 □	R 5 △
12	37	8	27	10	47
54	25	44	57	34	59
18	13	50	39	40	23
z. B. 24	7	14	9	16	11

★ b) Finde für die leeren Kärtchen passende Zahlen.

Kitamehtam – Zauberladen

SB S. 34/35

① Zauberlutscher: Male die Felder mit der richtigen Farbe aus.

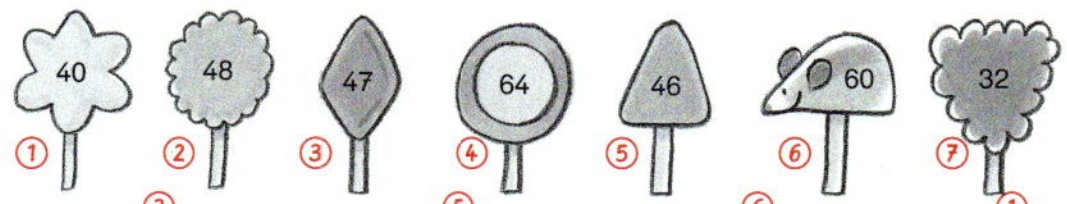

③ 7 mehr als 5 · 8	⑤ 10 weniger als 7 · 8	⑥ 15 mehr als 9 · 5	① Das Doppelte von 4 · 5
2 weniger als 10 · 5 ②	Die Hälfte von 8 · 8 ⑦	1 mehr als 9 · 7 ④	

② Welcher Zauberschuh gehört in welche Schachtel? Verbinde.

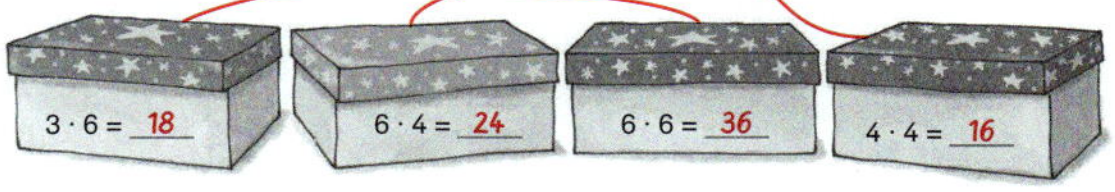

③ Zaubertücher: Ergänze.

24 = 4 · 6, gleich kommt die alte Hex.	16 = 2 · 8, heute spukt es in der Nacht.	28 = 7 · 4, aus jedem Stein wird gleich ein Tier.	56 = 8 · 7, heut' wird mit dem Fuß geschrieben.

geschrieben Tier Nacht Hex

④ Ergänze die fehlenden Zahlen.

⑤ Welche Malaufgaben kannst du besonders gut? Welche Malaufgaben musst du noch üben? Schreibe in dein 📖.

Preise mit Komma und Strich

SB S. 36/37

① a) Schreibweisen und Sprechweisen: Verbinde sie richtig.

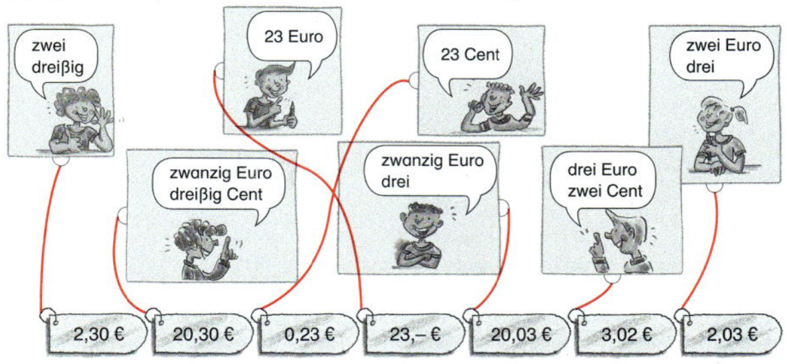

b) Ordne die Preise der Größe nach. Beginne mit dem kleinsten Preis.

0,23 € 2,03 € 2,30 € 3,02 € 20,03 € 20,30 € 23 €

② Wie viel Geld ist es? Trage den Betrag in die Tabelle ein und schreibe ihn mit Komma.

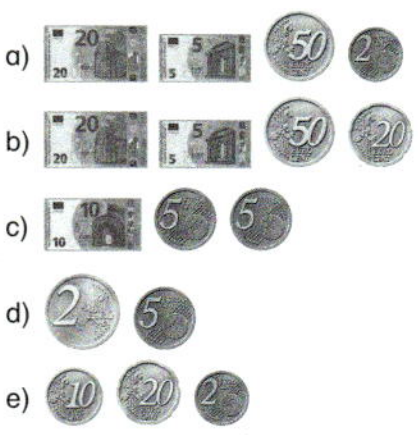

	Euro Z	Euro E	Cent Z	Cent E	
a)	2	5	5	2	25,52 €
b)	2	5	7	0	25,70 €
c)	1	0	1	0	10,10 €
d)	0	2	0	5	2,05 €
e)	0	0	3	2	0,32 €

③ Male gleiche Geldbeträge mit gleicher Farbe an.

■ 522 ct	◆ 5,20 €	▲ 820 ct	● 3,23 €	○ 8 € 2 ct	■ 5,22 €
△ 99 ct	◇ 9 € 91 ct	□ 9,09 €	□ 9 € 9 ct	◇ 9,91 €	△ 0,99 €
✦ 502 ct	○ 8,02 €	● 3 € 23 ct	▲ 8 € 20 ct	◆ 5 € 20 ct	✦ 5 € 2 ct

Auf dem Volksfest

SB S. 38/39

Anika geht mit ihren Freunden Peter, Christine und Sarah über den Festplatz.
Sie lesen die verschiedenen Angebote:

Achterbahn Kinder 2 €	1 x Werfen 50 ct 5 x Werfen 2 € 8 x Werfen 3 €	Autoscooter 1 x 2 € 3 x 5 € 8 x 10 €	Bratwurst 1,50 € Portion Salat 1 €

① Lies diese Fragen genau und beantworte sie dann:

a) Wie viel kostet eine Achterbahnfahrt? 2 €
b) Wie viel kostet 5-mal Werfen? 2 €
c) Wie teuer ist eine Bratwurst? 1,50 €
d) Wie viele Freunde hat Anika dabei? 3 Freunde
e) Wie viel kosten 8 Fahrten mit dem Autoscooter? 10 €
f) Was kostet 1 €? 1 Portion Salat
g) Was kostet 5 €? 3 x Autoscooter

② Hier musst du rechnen. Finde die günstigsten Preise.

a) Was kostet eine Achterbahnfahrt für alle Kinder zusammen?
A: Sie kostet insgesamt 8 €.

a) 4 · 2 € = 8 €
b) 5 € + 2 € = 7 €

b) Jeder möchte beim Autoscooter einmal selbst lenken.
Wie viel müssen sie bezahlen?
A: Sie müssen 7 € bezahlen.

c) Ergänze die Tabelle für die Wurfbude.

d) Wenn jeder 2-mal wirft, wie viel müssen sie bezahlen?
A: Sie müssen 3 € bezahlen.

Wurfbude			
1 x Werfen	50 ct	5 x Werfen	2 €
2 x Werfen	1 €	6 x Werfen	2,50 €
3 x Werfen	1,50 €	7 x Werfen	3 €
4 x Werfen	2 €	8 x Werfen	3 €

③ Peter und Christine kaufen sich je eine Bratwurst, die beiden anderen Mädchen essen je einen Salat. Anika bezahlt für alle mit einem 10-€-Schein. Wie viel Geld bekommt sie zurück?

1,50 € + 1,50 € + 1 € + 1 € = 5 €
10 € – 5 € = 5 €

A: Sie bekommt 5 € zurück.

Glücksräder erforschen

SB S. 40/41

① Male die Glücksräder aus.

hohe Gewinnchance gelb	unmöglich blau	sicher rot	kaum Gewinnchance grün

z. B.
① gelb
② rot
③ grün

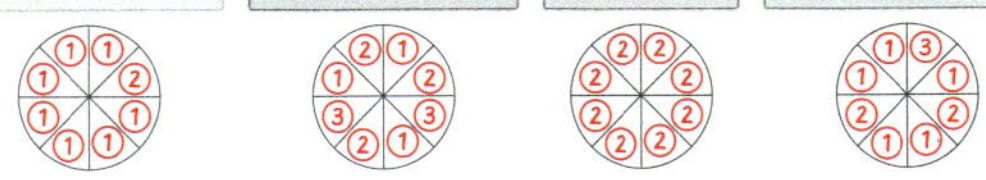

② Bei welchen Glücksrädern haben beide Spieler gleiche Gewinnchancen? Kreuze sie an ☒.

a)
Spieler 1: rot
Spieler 2: blau

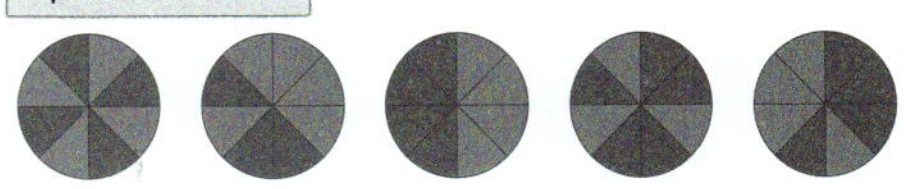

☒ ☐ ☒ ☐ ☒

b)
Spieler 1: ungerade Zahl
Spieler 2: Zahl durch 3 teilbar

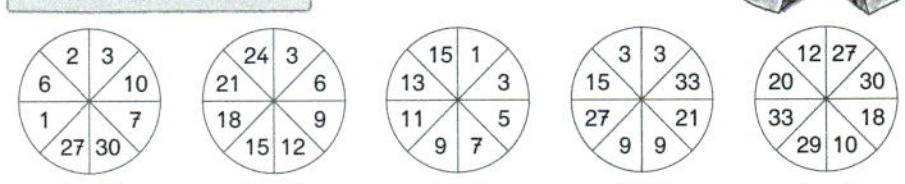

☒ ☐ ☐ ☒ ☐

c) Vergleiche mit deinem Partner und begründe.

③ Kreuze richtige Aussagen an ☒.

a)

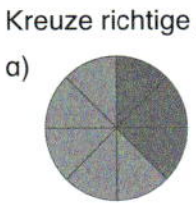

☐ Es kommt sicher rot.
☒ Gelb zu bekommen ist unmöglich.
☒ Blau ist wahrscheinlicher als rot.

b)

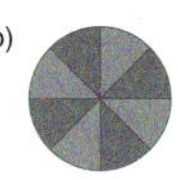

☐ Blau ist wahrscheinlicher als rot.
☒ Rot zu bekommen ist möglich.
☐ Rot ist unwahrscheinlicher als blau.

Tausender, Hunderter, Zehner, Einer

SB S. 42/43

(1) Trage die Zahlen ein oder zeichne sie.

H	Z	E
3	7	7

H	Z	E
1	2	8

H	Z	E
4	0	5

H	Z	E
5	3	0

H	Z	E
	8	6

(2) Welche Karten gehören zusammen? Umfahre sie mit der richtigen Farbe. Ergänze.

zweihundert-vierund-neunzig	vierhundert-neunund-zwanzig	neunhundert-vierund-zwanzig	zweihundert-vierund-vierzig	vierhundert-vierund-neunzig
H Z E: 9 2 4	H Z E: 2 4 4	H Z E: 4 9 4	H Z E: 2 9 4	H Z E: 4 2 9
4 9 4	2 9 4	9 2 4	4 2 9	2 4 4
400 + 20 + 9	200 + 90 + 4	400 + 90 + 4	900 + 20 + 4	200 + 40 + 4

(3) Zerlege die Zahlen in Hunderter, Zehner und Einer und schreibe auf.

567 = 500 + 60 + 7	824 = 800 + 20 + 4	420 = 400 + 20
248 = 200 + 40 + 8	136 = 100 + 30 + 6	643 = 600 + 40 + 3
956 = 900 + 50 + 6	352 = 300 + 50 + 2	★ 1234 = 1000 + 200 + 30 + 4
772 = 700 + 70 + 2	202 = 200 + 2	★ 1010 = 1000 + 10

1000 – eine überschaubare Zahl

SB S. 44/45

(1) Trage die Zahlen in die Stellenwerttafel ein.

a)	T	H	Z	E
vierhundertneunzig		4	9	0
sechshundertzwanzig		6	2	0
neunhundertsechzig		9	6	0
dreihundertvierzig		3	4	0
einhundertachtzig		1	8	0
eintausendzehn	1	0	1	0

b)	T	H	Z	E
zweihundertneunzehn		2	1	9
fünfhundertachtundzwanzig		5	2	8
siebenhundertvierundsechzig		7	6	4
neunhundertdreiundvierzig		9	4	3
achthundertfünfunddreißig		8	3	5
eintausendzweihundert	1	2	0	0

(2) Rechne.

a)	b)	c)
100 + 200 = 300	800 + 200 = 1000	100 + 900 = 1000
200 + 300 = 500	300 + 700 = 1000	600 + 400 = 1000
300 + 400 = 700	900 + 100 = 1000	200 + 800 = 1000
400 + 500 = 900	500 + 500 = 1000	700 + 300 = 1000
300 + 500 = 800	400 + 600 = 1000	1000 + 0 = 1000

d)	e)	f)
1000 – 600 = 400	1000 – 500 = 500	1000 – 0 = 1000
1000 – 900 = 100	1000 – 100 = 900	1000 – 900 = 100
1000 – 700 = 300	1000 – 600 = 400	1000 – 400 = 600
1000 – 800 = 200	1000 – 300 = 700	1000 – 800 = 200
1000 – 1000 = 0	1000 – 200 = 800	1000 – 700 = 300

(3) Aufgaben mit dem Ergebnis 1000: Schreibe in dein 📖.

(4) Zahlenrätsel

a) Die Zahl ist das Doppelte von 200. 400

b) Die Zahl ist die Hälfte von 600. 300

c) Die Zahl ist um 100 kleiner als 1000. 900

d) Die Zahl ist um 200 größer als 500. 700

e) Die Zahl ist um 100 kleiner als 400. 300

f) Die Zahl ist das Doppelte von 500. 1000

Legen, spielen, rechnen mit der Stellenwerttafel

SB S. 46/47

(1) Zeichne und schreibe die Zahlen.

a)

H	Z	E	Zahl
••	••••	•	241
•••••••	•	•••	713
••••		•••••	405
•	•••••	•••	153
•••••	•	•••	513
•••	•••••	•	351

b)

	H	Z	E	Zahl
1 H 4 E	•		••••	104
9 H 5 E	•••••••••		•••••	905
7 E 6 Z 3 H	•••	••••••	•••••••	367
3 Z 3 H	•••	•••		330
5 H 8 E	•••••		••••••••	508
3 H 7 Z 4 E	•••	•••••••	••••	374

(2) a) Simsala hat diese Zahl gelegt.

H	Z	E
•••	••	••••

324

Zeichne ein Plättchen jeweils an einer anderen Stelle dazu. Notiere die neuen Zahlen.

424 | 334 | 325

b)

H	Z	E
••••••	•••	••••

634

z. B. 734 | 644 | z. B. 635

★ (3) Verschiebe jeweils 1 Plättchen. Welche Zahlen können entstehen?

H	Z	E
••••	••	•••••

425

335	515
326	524
434	416

H	Z	E
•••••	••••	•

541

451	640
442	532
631	550

1000 – auf dem Zahlenstrahl

SB S. 48/49

(1) Trage in den Zahlenstrahl ein: a) alle Hunderterzahlen, b) die Zahlen mit den Pfeilen.

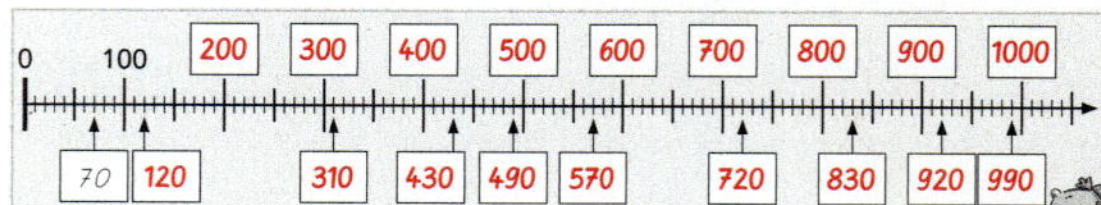

(2) Nachbarn gesucht

a) Nachbarhunderter: Male den Nachbarhunderter an, der näher liegt.

100	145	200	900	999	1000	300	350	400
600	603	700	400	444	500	700	770	800
400	499	500	500	555	600	500	548	600

b) Nachbarzehner: Male den Nachbarzehner an, der näher liegt.

370	376	380	660	666	670	690	692	700
420	423	430	500	502	510	290	300	310
710	719	720	280	285	290	980	990	1000

c)

321	322	323	998	999	1000	490	491	492
101	102	103	99	100	101	332	333	334
689	690	691	649	650	651	764	765	766

(3) <, > oder =? Setze das richtige Zeichen ein.

796 > 769	189 < 198	654 > 564
505 < 550	323 > 232	990 = 990
610 > 601	472 > 274	204 < 402
393 = 393	913 < 931	725 < 752

★ (4) Zahlenrätsel

Die Zahl ist gerade, hat 3 gleiche Ziffern und ist größer als 700. 888

Die Zahl hat die Ziffern 8, 7, 2. Sie ist kleiner als 870 und ungerade. 827 oder 287

Die größte dreistellige gerade Zahl ist 998.

Die kleinste dreistellige ungerade Zahl ist 101.

Grundwissen ②

SB S. 50/51

1 Quadrataufgaben und Kernaufgaben

a)

8 · 8 = 64	3 · 3 = 9	9 · 9 = 81	6 · 6 = 36	10 · 10 = 100
5 · 5 = 25	7 · 7 = 49	4 · 4 = 16	0 · 0 = 0	2 · 2 = 4

b)

2 · 7 = 14	5 · 9 = 45	10 · 7 = 70	1 · 4 = 4
2 · 6 = 12	5 · 8 = 40	10 · 6 = 60	1 · 7 = 7

2 Von Quadrataufgaben und Kernaufgaben zu Nachbaraufgaben

a)

8 · 8 = 64	7 · 7 = 49	9 · 9 = 81	3 · 3 = 9	6 · 6 = 36
7 · 8 = 56	6 · 7 = 42	8 · 9 = 72	4 · 3 = 12	7 · 6 = 42

b)

2 · 7 = 14	5 · 9 = 45	10 · 6 = 60	5 · 8 = 40	2 · 9 = 18
3 · 7 = 21	6 · 9 = 54	9 · 6 = 54	6 · 8 = 48	3 · 9 = 27

3 Schreibe die passenden Rechnungen auf.

H	Z	E	

400 + 20 + 1 = 421

500 + 10 + 1 = 511

900 + 40 + 1 = 941

600 + 1 = 601

300 + 5 = 305

500 + 30 + 6 = 536

4 Zwischen welchen Hundertern liegen diese Zahlen?

200 – 256 – 300

200 256 300	700 718 800	500 521 600
200 261 300	300 324 400	800 876 900

5 Zwischen welchen Zehnern liegen diese Zahlen?

250 – 252 – 260

250 252 260	420 427 430	580 584 590
810 819 820	900 907 910	710 719 720

Bist du fit? ②

SB S. 50/51

1 Malaufgaben mithilfe der Kernaufgaben lösen

a)

5 · 9 = 45	5 · 7 = 35	2 · 9 = 18	2 · 4 = 8	6 · 6 = 36
6 · 9 = 54	6 · 7 = 42	3 · 9 = 27	3 · 4 = 12	7 · 6 = 42

b)

2 · 9 = 18	2 · 6 = 12	6 · 5 = 30	6 · 6 = 36
4 · 9 = 36	4 · 6 = 24	3 · 5 = 15	3 · 6 = 18

2 Einmaleins-Verwandtschaften

40	18	30	32
5 · 8	6 · 3	6 · 5	8 · 4
10 · 4	3 · 6	5 · 6	4 · 8
4 · 10	9 · 2	3 · 10	2 · 16
8 · 5	2 · 9	10 · 3	16 · 2

3 Zerlege in Hunderter, Zehner, Einer. Schreibe sie auf.

586 = 500 + 80 + 6	809 = 800 + 9	423 = 400 + 20 + 3
327 = 300 + 20 + 7	410 = 400 + 10	804 = 800 + 4
410 = 400 + 10	601 = 600 + 1	320 = 300 + 20

4 Nachbarzahlen, Nachbarzehner, Nachbarhunderter

N-Hunderter	N-Zehner	N-Zahl		N-Zahl	N-Zehner	N-Hunderter
400	420	424	425	426	430	500
800	880	883	884	885	890	900
300	300	303	304	305	310	400
600	690	698	699	700	700	700
500	500	500	501	502	510	600

Kopfrechnen bis 1000

SB S. 52/53

① Male Rechnung und Ergebnis mit der gleichen Farbe an.

692 – 80 | 476 – 20 | 456 | 385 | 361
441 + 200 | 370 – 9 | 429 | 641
365 + 20 | 423 + 6 | 612

② Färbe bei der ersten Zahl jeweils die Stellen, die sich ändern. Rechne.

a)	b)	c)
500 – 300 = 200	700 + 200 = 900	300 – 100 = 200
560 – 300 = 260	720 + 200 = 920	380 – 100 = 280
560 – 330 = 230	720 + 250 = 970	380 – 160 = 220
564 – 330 = 234	723 + 250 = 973	383 – 160 = 223
564 – 333 = 231	723 + 254 = 977	383 – 162 = 221

③ Denke an die kleine Aufgabe. Rechne.

36 + 8

a)	b)	c)
536 + 8 = 544	653 – 8 = 645	385 + 7 = 392
648 + 5 = 653	976 – 9 = 967	385 – 7 = 378
759 + 6 = 765	523 – 7 = 516	613 + 6 = 619
825 + 7 = 832	412 – 6 = 406	613 – 6 = 607

④ Färbe bei der ersten Zahl jeweils die Stellen, die sich ändern. Rechne.

a)	b)	c)
460 + 50 = 510	630 – 60 = 570	340 + 70 = 410
830 + 80 = 910	450 – 80 = 370	340 – 70 = 270
670 + 60 = 730	720 – 50 = 670	620 + 90 = 710
580 + 90 = 670	540 – 70 = 470	620 – 90 = 530

⑤ Ergänze. Vergleiche jeweils die beiden Häuser. Was fällt dir auf? Tausche dich mit deinem Partner aus.

a)

100	
63	37
47	53
91	9

1000	
263	737
547	453
691	309

b)

100	
61	39
28	72
55	45

1000	
361	639
728	272
555	445

Zeichne Häuschen mit dem Ergebnis 1000 in dein Heft.

Plusaufgaben bis 1000 – Rechenwege ①

SB S. 54/55

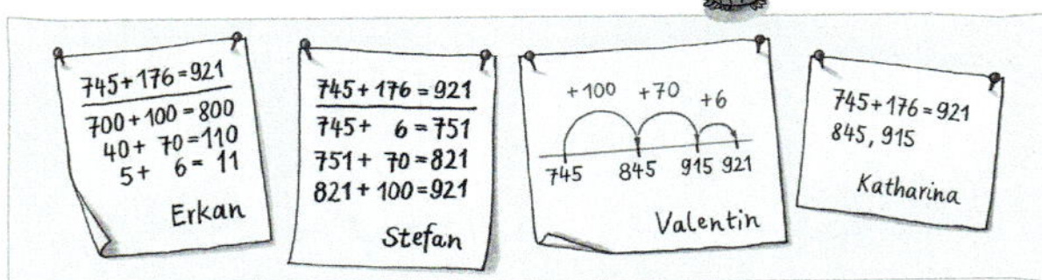

① Es geht über den Zehner. Rechne auf deinem Weg. Vergleicht eure Rechenwege.

a) 457 + 235 = 692 b) 823 + 168 = 991 c) 617 + 256 = 873

d) 538 + 347 = 885 e) 265 + 418 = 683 f) 346 + 525 = 871

② Es geht über den Hunderter. Rechne auf deinem Weg. Vergleicht eure Rechenwege.

a) 486 + 251 = 737 b) 365 + 173 = 538 c) 291 + 643 = 934

d) 354 + 468 = 822 e) 135 + 587 = 722 f) 379 + 443 = 822

Plusaufgaben bis 1000 – Rechenwege ②

SB S. 54/55

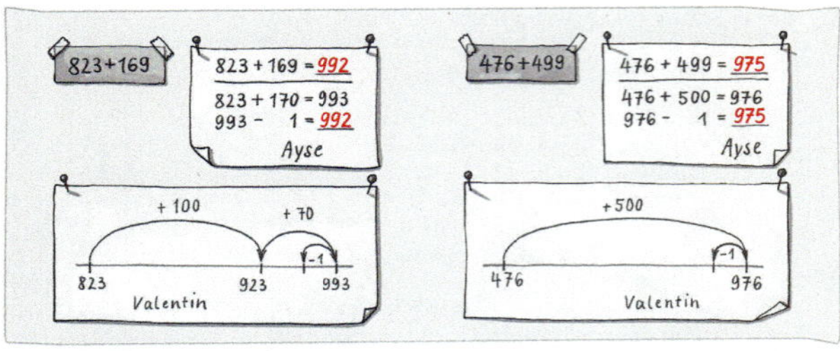

① Nahe am vollen Zehner oder nahe am vollen Hunderter: Rechne geschickt.

a) 823 + 169 = 992 b) 523 + 448 = 971 c) 682 + 239 = 921

d) 476 + 499 = 975 e) 634 + 199 = 833 f) 357 + 298 = 655

Vergleiche mit deinem Partner.

② Rechne auch hier geschickt.

200 + 582

a) 199 + 582 = 781 b) 397 + 436 = 833 c) 698 + 117 = 815

Minusaufgaben bis 1000 – Rechenwege ①

SB S. 56/57

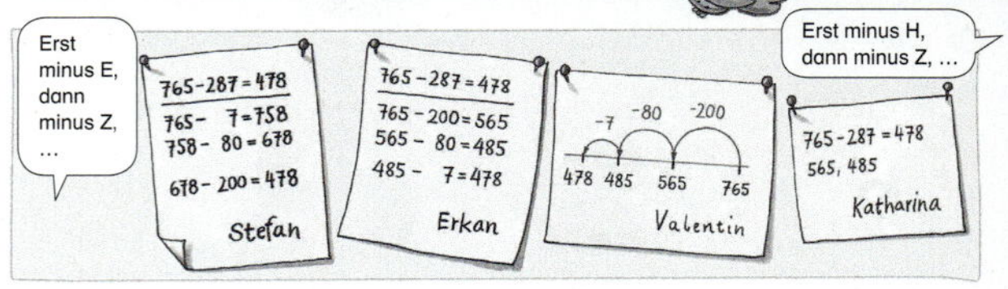

① Der Zehner wird „geknackt". Rechne auf deinem Weg. Vergleicht eure Rechenwege.

a) 542 − 326 = 216 b) 665 − 138 = 527 c) 871 − 756 = 115

d) 483 − 247 = 236 e) 954 − 415 = 539 f) 796 − 578 = 218

② Der Hunderter wird „geknackt". Rechne auf deinem Weg. Vergleicht eure Rechenwege.

a) 816 − 453 = 363 b) 935 − 671 = 264 c) 564 − 182 = 382

d) 454 − 395 = 59 e) 723 − 567 = 156 f) 642 − 278 = 364

Minusaufgaben bis 1000 – Rechenwege ②

SB S. 56/57

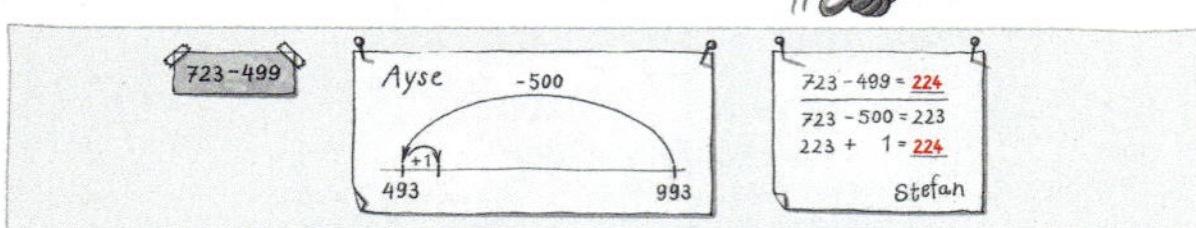

① Nahe am vollen Hunderter: Rechne geschickt.

a) 723 − 499 = 224 b) 523 − 399 = 124 c) 482 − 199 = 283

d) 614 − 398 = 216 e) 941 − 597 = 344 f) 853 − 696 = 157

② Abziehen oder ergänzen? Rechne auf deinem Weg. Vergleicht eure Rechenwege.

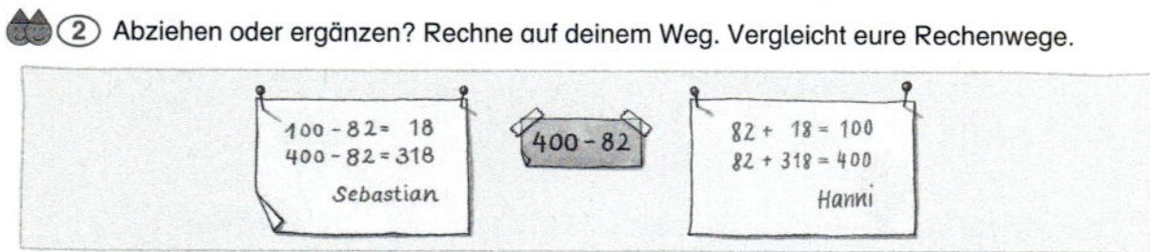

a) 400 − 82 = 318 b) 600 − 36 = 564 c) 400 − 17 = 383

d) 1000 − 49 = 951 e) 1000 − 7 = 993 f) 1000 − 68 = 932

Körper

SB S. 58

① Wie heißen diese Körper? Trage den richtigen Buchstaben ein.

ⓐ Kegel ⓑ Kugel ⓒ Würfel ⓓ Quader ⓔ Pyramide ⓕ Zylinder

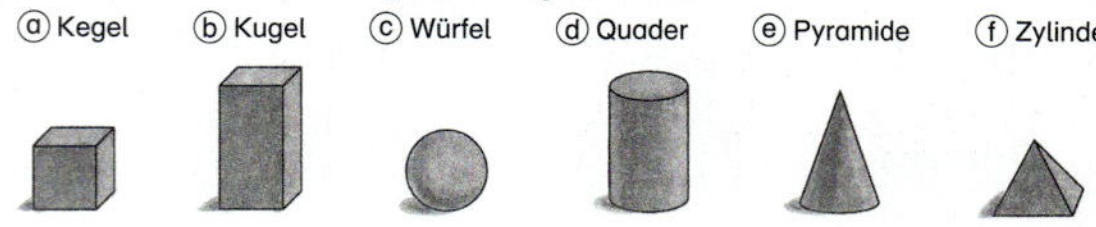

c d b f a e

② Simsala hat jeden Körper dreimal in Sand gedrückt. Ordne zu.

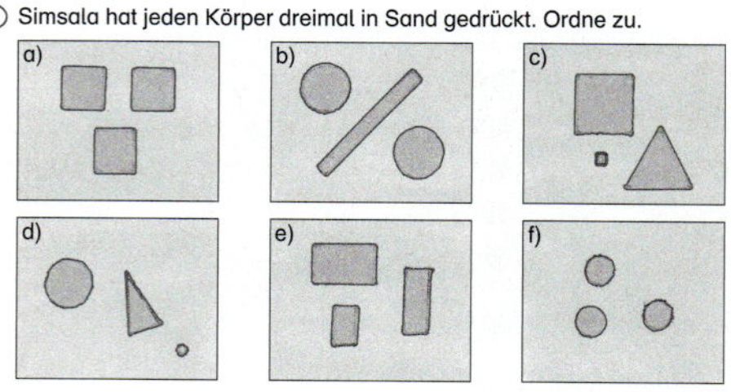

e	Quader
d	Kegel
a	Würfel
b	Zylinder
f	Kugel
c	Pyramide

③ Welcher Körper ist das? Schreibe auf.

a) Der Körper hat keine Kanten und Ecken.
Kugel

b) Die 6 Flächen des Körpers sind gleich große Quadrate. Der Körper hat 12 Kanten und 8 Ecken.
Würfel

c) Der Körper hat 3 Flächen, 2 davon sind Kreise. Der Körper sieht aus wie eine Walze.
Zylinder

d) Viele Schachteln sehen so aus. Der Körper hat 6 Flächen, die aber nicht alle gleich groß sind. Er hat 12 Kanten und 8 Ecken.
Quader

④ Welche Körperformen würdest du verwenden …

a) … zum Fußballspielen? Kugel

b) … zum Bau einer Mauer? Quader

c) … als Zauberhut? Kegel

d) … zum Ausrollen von Teig? Zylinder

Erklläre in deinem 📖.

Der Würfel – ein besonderer Quader

SB S. 59

Manchmal musst du zweimal ankreuzen!

① Kreuze an [X].

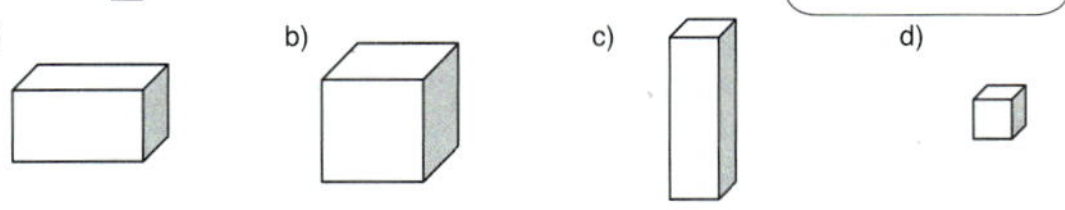

a)	b)	c)	d)
[X] Quader	[X] Quader	[X] Quader	[X] Quader
[ ] Würfel	[X] Würfel	[ ] Würfel	[X] Würfel

② Ergänze die Tabelle.

Würfel		Quader
8	Anzahl der Ecken	8
12	Anzahl der Kanten	12
6	Anzahl der Flächen	6
Quadrate	Flächenformen	Rechtecke/Quadrate

Was unterscheidet den Würfel vom Quader? Beschreibe.

Die Flächen eines Würfels sind immer alle quadratisch.

Beim Quader sind entweder alle Flächen rechteckig oder es gibt 4 rechteckige und 2 quadratische Flächen.

③ Würfelkippen – Geometrie im Kopf
Überlege zuerst. Überprüfe dann mit einem Würfel.

Lege deinen Würfel immer so auf Start:

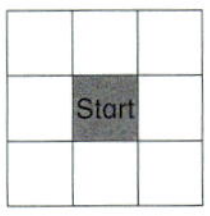

Welche Würfelzahl liegt nach den Kippbewegungen oben? Kreuze an (X).

a) Kippe den Würfel nach rechts, dann von dir weg.

(X) ( ) ( )

b) Kippe den Würfel zu dir hin, dann nach links.

( ) ( ) (X)

c) Kippe den Würfel nach links, dann von dir weg, dann nach rechts.

( ) (X) ( )

Würfelnetze

SB S. 60/61

① Aus welchen Netzen kann man einen Würfel falten? Kreise sie ein.

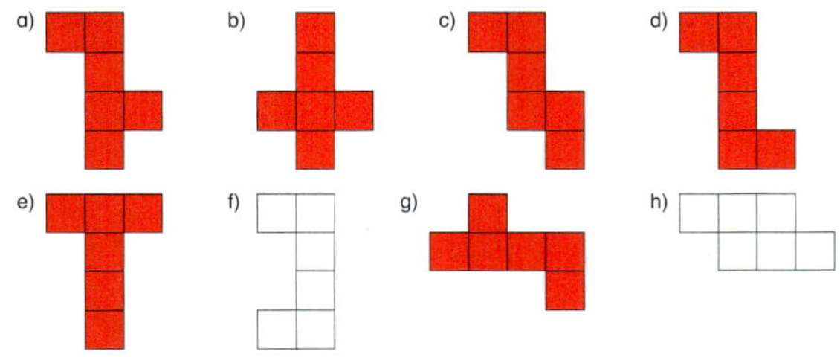

② Ergänze zu vollständigen Würfelnetzen. Finde verschiedene Netze.

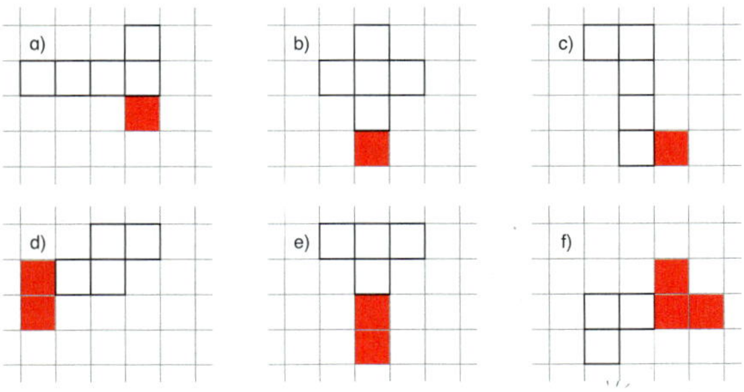

★ ③ Zeichne die fehlenden Würfelpunkte ein.

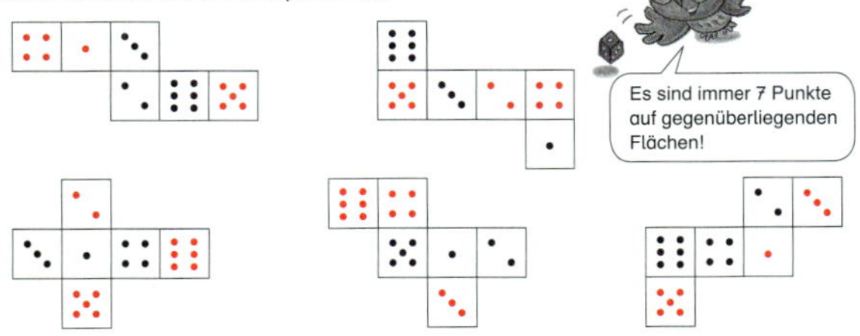

Es sind immer 7 Punkte auf gegenüberliegenden Flächen!

Würfelgebäude und Pläne

SB S. 62/63

① Ergänze die Baupläne.

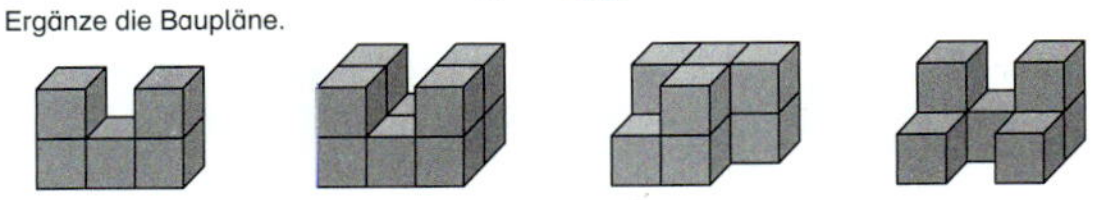

2	1	2

2	1	2
2	1	2

2	2	2
1	2	

2	1	2
1		1

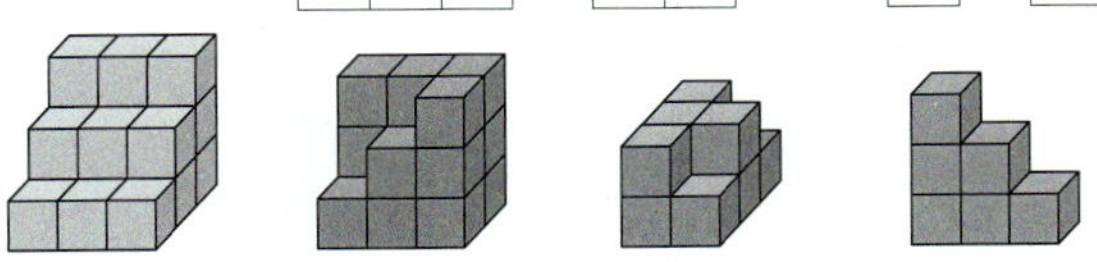

3	3	3
2	2	2
1	1	1

3	3	3
1	2	3

2	1
2	2
2	1

3	2	1

② Zeichne die Baupläne zu den Würfelgebäuden.

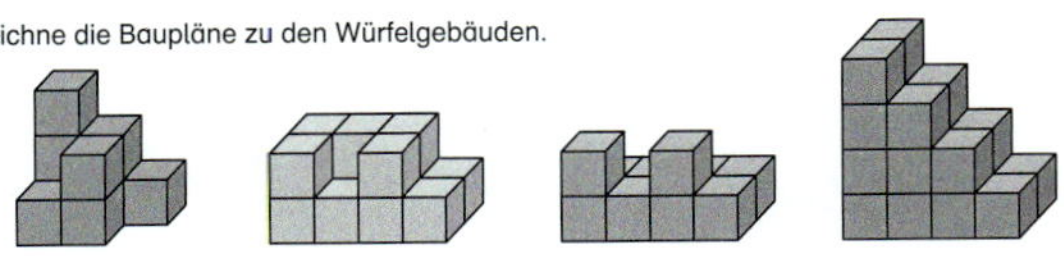

3	2	1
1	2	

2	2	2	1
2	1	2	1

1	1	1	1
2	1	2	1

4	3	2	1
4	3	2	1

③ Welcher Plan gehört zu welchem Bauwerk?

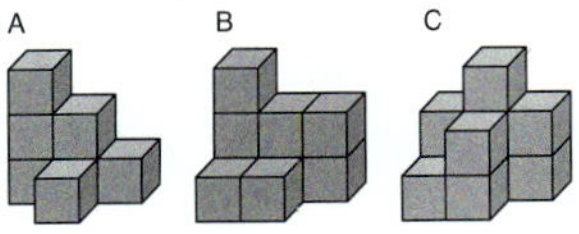

B

3	2	2
1	1	

C

2	3	2
1	2	

[ ]

2	3	2
2	1	

A

3	2	1
1		

Welches Bauwerk ist das größte mit den meisten Würfeln?
Welches ist das kleinste mit den wenigsten? Tausche dich mit deinem Partner aus.

Rechentricks bei ⊕ und ⊖

SB S. 64/65

① Zeichne und rechne.

a)

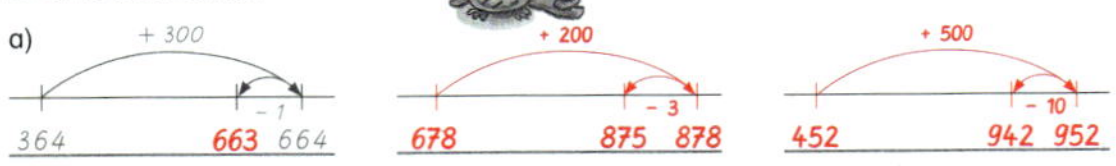

364 + 299 = 663 | 678 + 197 = 875 | 452 + 490 = 942

b)

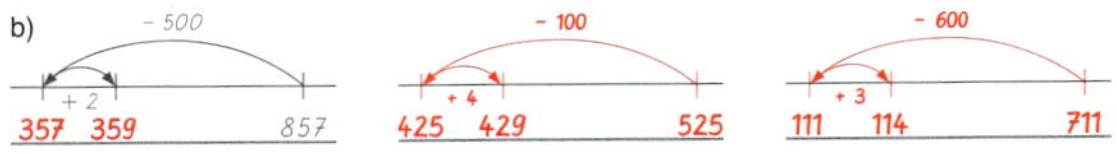

857 − 498 = 359 | 525 − 96 = 429 | 711 − 597 = 114

② Welcher Ballon gehört zu welchem Korb? Löse durch Ergänzen.

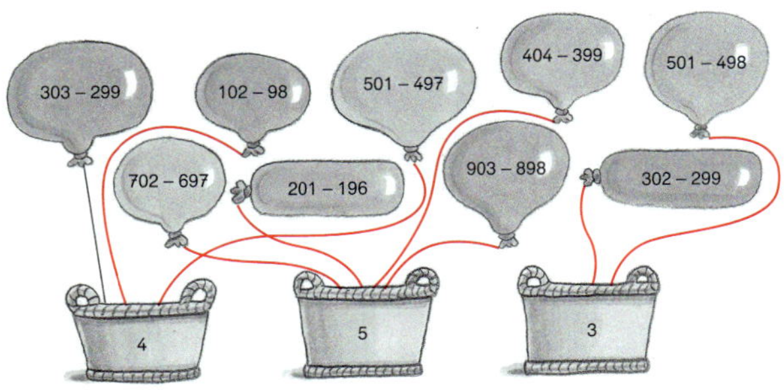

③ Finde die restlichen 4 Fehler.

a) 597 + 354 = 951 ✓
236 + 399 = ~~535~~ 635
618 + 196 = ~~813~~ 814
475 + 290 = 765 ✓
342 + 399 = ~~641~~ 741

b) 336 − 198 = 138 ✓
728 − 95 = 633 ✓
473 − 297 = ~~276~~ 176
982 − 499 = ~~484~~ 483
865 − 299 = 566 ✓

Erfinde Aufgaben mit Fehlern. Schreibe sie in dein [Heft].
Dein Partner berichtigt sie.

Lies die Aufgaben genau. Zeichne die Skizzen fertig, trage alle Angaben ein und rechne.

① Frau Kurz will ihre neue Pferde-Koppel einzäunen. Die Koppel ist 24 m lang und 17 m breit. An einer der langen Seiten soll eine Öffnung von 3 m für ein Tor frei bleiben. Wie viel Meter Zaun benötigt Frau Kurz?

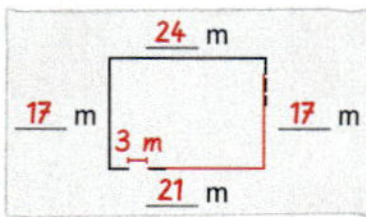

R: 24 m − 3 m = 21 m
17 m + 24 m + 17 m + 21 m = 79 m

A: Sie benötigt 79 m Zaun.

② Ben ist 32 cm kleiner als seine Mutter und 12 cm größer als seine Schwester Tina. Vater ist 1 m 88 cm groß. Er ist 16 cm größer als die Mutter. Wie groß sind Ben, Tina und Mutter?

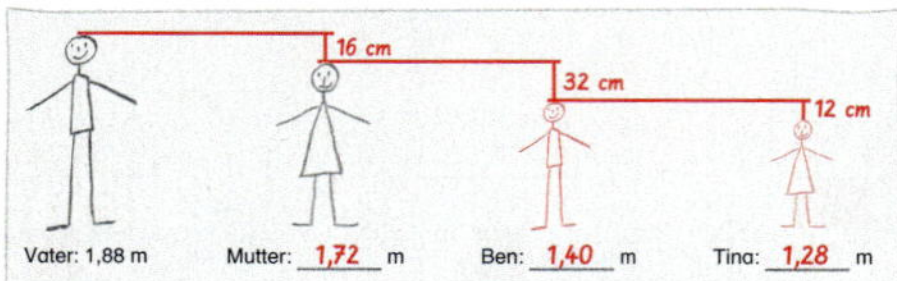

R: 1,88 m − 0,16 m = 1,72 m
1,40 m − 0,12 m = 1,28 m
1,72 m − 0,32 m = 1,40 m

A: Die Mutter ist 1,72 m, Ben 1,40 m, Tina 1,28 m groß.

③ Felix besucht seine Oma. Um 9.25 Uhr fährt der Zug los. Unterwegs hat er 30 Minuten Aufenthalt. Um 11.10 Uhr kommt Felix bei seiner Oma an.

a) Wie lange war Felix unterwegs?
b) Wie lange war die reine Fahrzeit?

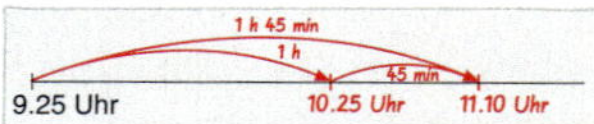

R: a) 1 h 45 min
b) 1 h 45 min − 30 min = 1 h 15 min

A: a) Er war 1 h 45 min unterwegs.
b) Die reine Fahrzeit war 1 h 15 min.

① Eulalia fliegt über den See. Sie zählt heute 36 Beine. Wie viele Frösche und Enten könnten es sein?

Probieren und ordnen hilft.

z. B.: Es könnten 8 Frösche und 2 Enten sein.

Mögliche Lösungswege:

4 + 4 + 4 + 4 + 4 + 4 + 4 + 4 + 2 + 2 = 36

oder:

F F F E F F F F F E
|||| |||| |||| || |||| |||| |||| |||| |||| ||

→ 8 Frösche, 2 Enten

Alle möglichen Lösungsmöglichkeiten in einer Tabelle:

Frösche	Enten
9	0
8	2
7	4
6	6
5	8
4	10
3	12
2	14
1	16
0	18

Vergleicht eure Lösungswege.

② Zahlenrätsel: Wie heißt meine Zahl?

Rückwärts arbeiten hilft!

Ich teile meine Zahl durch 8, nehme das Ergebnis mit 9 mal, zähle 28 dazu und erhalte 100.

64 → : 8 → · 9 → + 28 → 100
64 ← · 8 ← : 9 ← − 28 ← 100

Wenn ich zu meiner Zahl 75 dazuzähle, vom Ergebnis 180 abziehe und dann durch 4 teile, erhalte ich 5.

125 → + 75 → − 180 → : 4 → 5
125 ← − 75 ← + 180 ← · 4 ← 5

Ich denke mir eine Zahl, nehme sie mit 10 mal, teile durch 2, zähle zum Ergebnis 20 dazu und erhalte 40.

4 → · 10 → : 2 → + 20 → 40
4 ← : 10 ← · 2 ← − 20 ← 40

① Schreibe mit Komma.

3 m 25 cm = 3,25 m	8 m 4 cm = 8,04 m	904 cm = 9,04 m
6 m 71 cm = 6,71 m	4 m 6 cm = 4,06 m	370 cm = 3,70 m
7 m 20 cm = 7,20 m	5 m 9 cm = 5,09 m	821 cm = 8,21 m

② Schreibe in cm.

4 m 61 cm = 461 cm	4,50 m = 450 cm	7,03 m = 703 cm
3 m 88 cm = 388 cm	5,12 m = 512 cm	4,70 m = 470 cm
2 m 8 cm = 208 cm	8,19 m = 819 cm	8,21 m = 821 cm

③ Immer 3 Angaben gehören zusammen. Färbe sie gleich.

① 6 m 12 cm; ④ 6 m 2 cm; ① 6,12 m; ② 600 cm; ③ 6,20 m
② 6 m; ③ 620 cm; ① 612 cm; ② 6,00 m
③ 6 m 20 cm; ④ 6,02 m; ④ 602 cm

④ Welche Zeichnung passt zu welcher Geschichte? Schreibe den passenden Buchstaben dazu. Rechne und antworte.

a) Claudia ist 1,27 m groß. Sie ist 34 cm größer als ihr Bruder Mark. Wie groß ist Mark?
R: 127 cm − 34 cm = 93 cm
A: Mark ist 93 cm groß.

b) Jana und ihre Puppe sind zusammen so groß wie Mama. Jana ist 1,28 m, die Puppe ist 44 cm groß. Wie groß ist Mama?
R: 128 cm + 44 cm = 172 cm
A: Mama ist 1,72 m groß.

c) Meral und ihre Schwester sind zusammen so groß wie Vater. Meral ist 1,10 m und ihr Vater 1,87 m groß. Wie groß ist Merals Schwester?
R: 187 cm − 110 cm = 77 cm
A: Die Schwester ist 77 cm groß.

d) Anja ist 1,27 m groß, 34 cm kleiner als ihr Bruder Tobias. Wie groß ist Tobias?
R: 127 cm + 34 cm = 161 cm
A: Tobias ist 1,61 m groß.

Wie groß ist der kleinste Mensch? Wie groß ist der größte Mensch? Forsche nach. Zeichne und vergleiche in deinem 📖.

Bleistift gespitzt?

① Vermute zuerst und miss dann genau.

a) Welcher rote Strich ist länger?

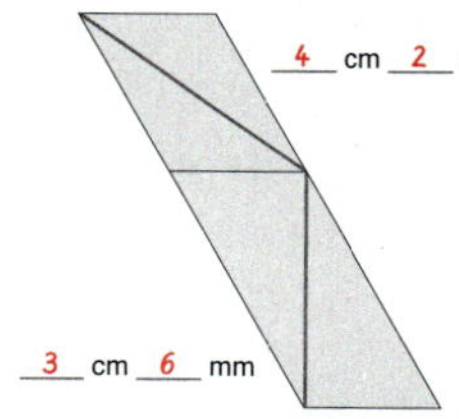

b) Ist das Kreuz näher an der Spitze oder näher am unteren Rand?

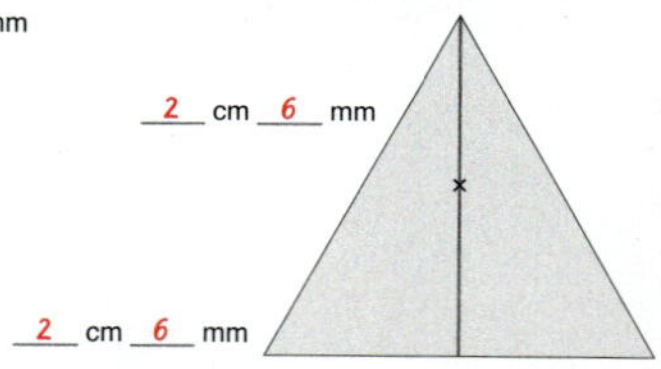

② Zentimeter und Millimeter: Lies ab, verbinde und trage ein.

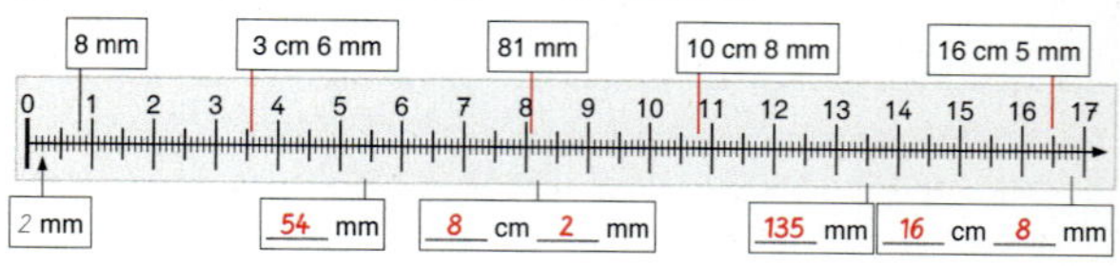

③ Zeichne die Strecken.

a)

18 mm
20 mm
13 mm
32 mm

b)

2 cm 3 mm
5 cm 1 mm
3 cm 5 mm
4 cm 4 mm

④ Wandle um.

a) 4 cm 3 mm = 43 mm
11 cm 9 mm = 119 mm
7 cm 3 mm = 73 mm

b) 93 mm = 9 cm 3 mm
100 mm = 10 cm 0 mm
55 mm = 5 cm 5 mm

⑤ Wie hoch sind die Gebäude? Miss genau.

24 mm | 23 mm | 22 mm | 36 mm | 25 mm

Achsensymmetrische Figuren

SB S. 74/75

① Überprüfe mit dem Zauberspiegel. Wo haben die Figuren eine Symmetrieachse? Zeichne sie ein.

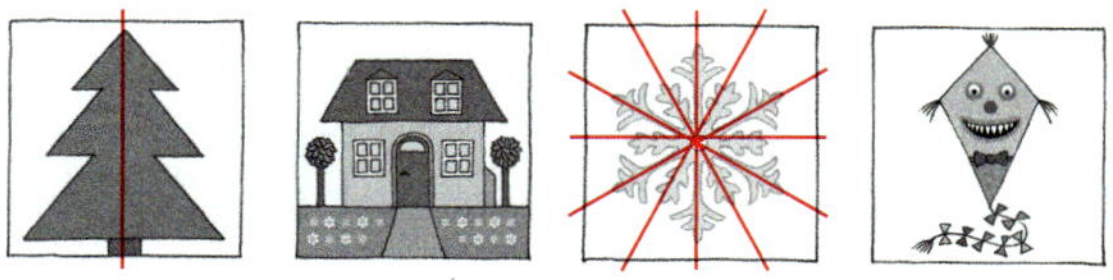

② Welche Figuren sind achsensymmetrisch? Überprüfe. Kreuze sie an ☒.

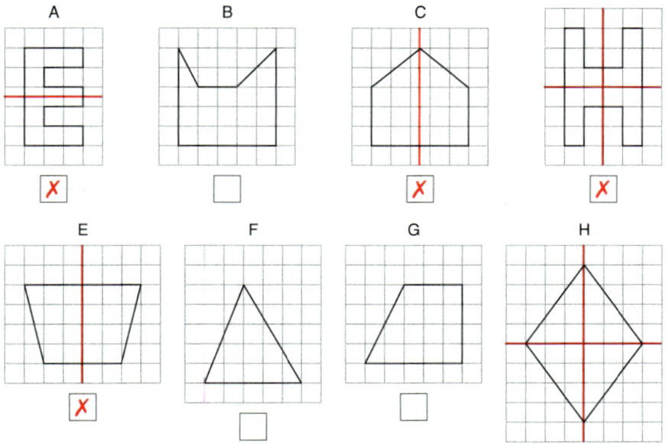

A ☒ B ☐ C ☒ D ☒ E ☒ F ☐ G ☐ H ☒

③ Trage die noch fehlenden Symmetrieachsen ein. Gib die Anzahl an.

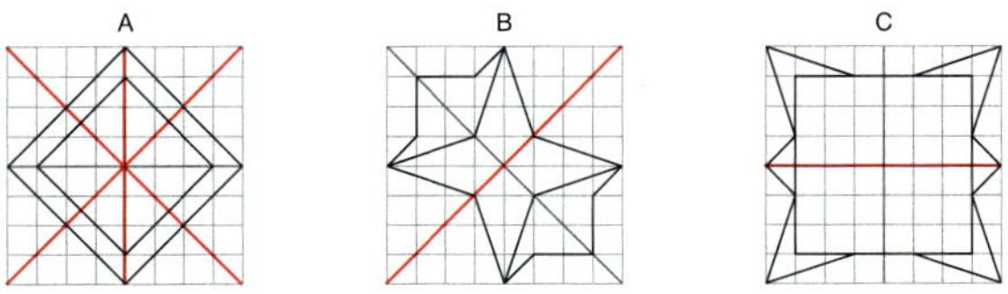

Figur A hat 4 Symmetrieachsen.
Figur B hat 2 Symmetrieachsen.
Figur C hat 2 Symmetrieachsen.

Bilder erspiegeln – achsensymmetrisch ergänzen

SB S. 76/77

① Spiegle die Ausgangsfigur. Umrahme das Spiegelbild.

② Erspiegle die Bilder. Wo muss der Spiegel stehen? Bei welcher Figur geht es nicht? Kreuze sie an ☒.

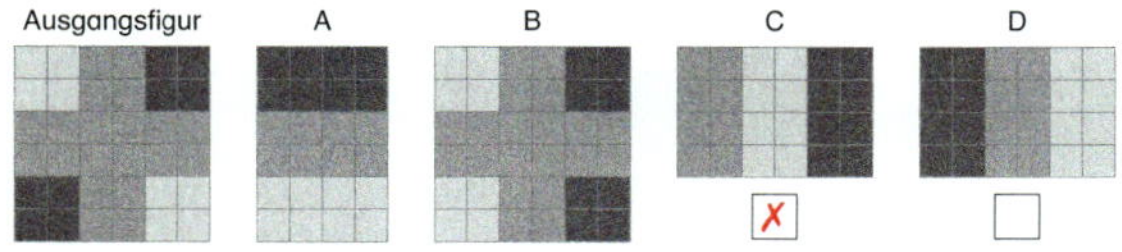

A ☐ B ☐ C ☒ D ☐

③ Ergänze achsensymmetrisch.

a)

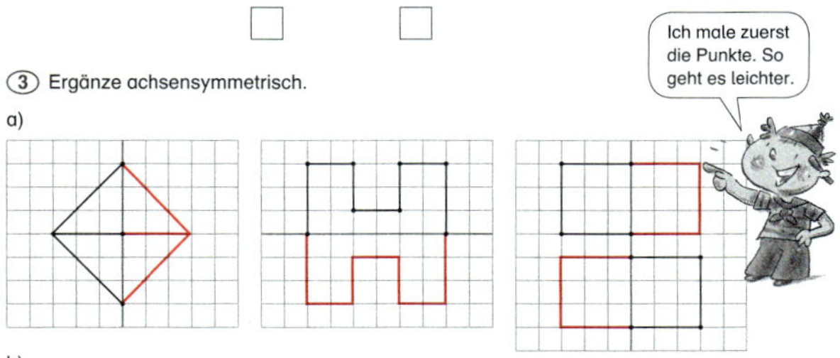

b)

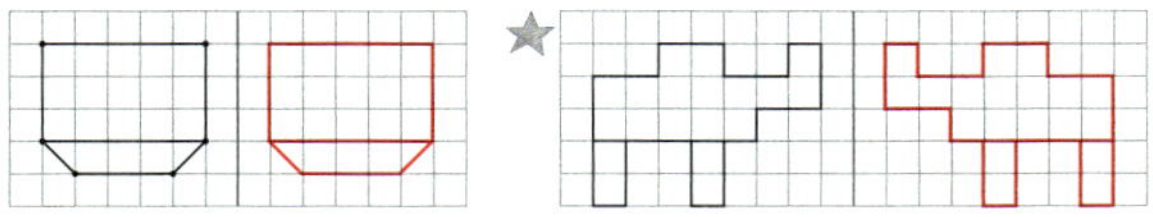

Zeichne achsensymmetrische Figuren in dein Heft.

Grundwissen ③

SB S. 78/79

1 Rechne. Welche Stelle ändert sich?

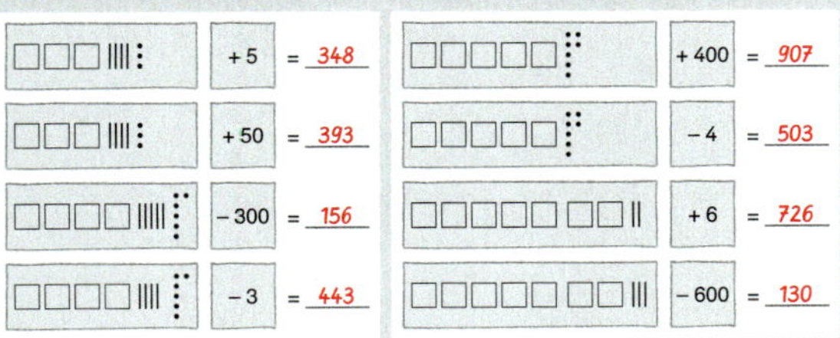

+ 5	=	348
+ 50	=	393
− 300	=	156
− 3	=	443
+ 400	=	907
− 4	=	503
+ 6	=	726
− 600	=	130

2 Markiere bei der ersten Zahl die Stellen, die sich verändern. Rechne.

a)	b)	c)
800 − 300 = 500	500 + 400 = 900	748 + 210 = 958
860 − 300 = 560	530 + 400 = 930	748 − 213 = 535
860 − 320 = 540	530 + 440 = 970	363 + 520 = 883
864 − 320 = 544	536 + 440 = 976	363 − 222 = 141
864 − 322 = 542	536 + 443 = 979	488 − 480 = 8

3 Ergänze. Vergleiche jeweils die beiden Häuser. Was fällt dir auf?

a)

100	
40	60
82	18
26	74

1000	
340	660
482	518
326	674

b)

100	
48	52
63	37
99	1

1000	
948	52
363	637
999	1

4 Löse auf deinem Weg. Vergleicht eure Lösungswege.

366 + 25 = 391

873 − 65 = 808

Bist du fit? ③

SB S. 78/79

1 Von leichten zu schweren Aufgaben

a)	b)	c)
400 + 300 = 700	900 − 700 = 200	640 + 200 = 840
400 + 340 = 740	900 − 710 = 190	640 + 270 = 910
400 + 346 = 746	900 − 716 = 184	640 + 277 = 917
420 + 300 = 720	920 − 700 = 220	680 − 300 = 380
420 + 340 = 760	920 − 710 = 210	680 − 390 = 290
420 + 346 = 766	920 − 716 = 204	680 − 395 = 285
423 + 300 = 723	923 − 700 = 223	
423 + 340 = 763	923 − 710 = 213	
423 + 346 = 769	923 − 716 = 207	

2 Ergänze.

700	
324	376
416	284
625	75

900	
801	99
620	280
407	493

500	
199	301
483	17
105	395

1000	
629	371
207	793
411	589

3 Zeichne und rechne.

982 − 396 = 586

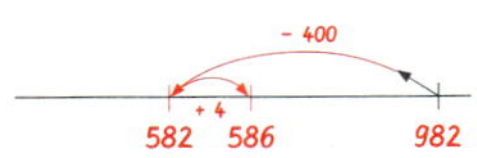

763 − 599 = 164

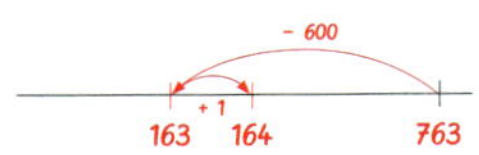

456 − 398 = 58

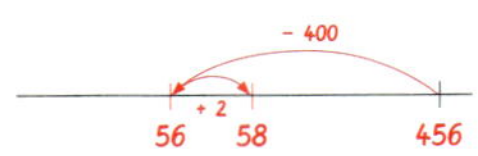

843 − 599 = 244

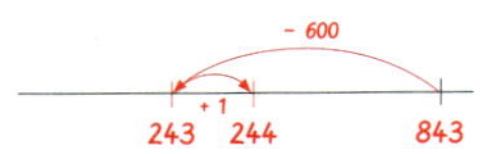

Schriftlich addieren

SB S. 80/81

(1) Mit und ohne Übertrag an der Z-Stelle: Rechne.

229 + 537 = 766 | 146 + 821 = 967 | 535 + 356 = 891 | 454 + 237 = 691 | 762 + 234 = 996 | 339 + 446 = 785

365 + 427 = 792 | 682 + 317 = 999 | 181 + 513 = 694 | 623 + 258 = 881 | 118 + 461 = 579 | 453 + 219 = 672

(2) Kein Übertrag, ein Übertrag, zwei Überträge? Rechne.

244 + 638 = 882 | 444 + 475 = 919 | 348 + 291 = 639 | 582 + 343 = 925 | 764 + 158 = 922 | 565 + 273 = 838

832 + 109 = 941 | 367 + 574 = 941 | 455 + 277 = 732 | 627 + 98 = 725 | 582 + 134 = 716 | 736 + 208 = 944

(3) Schreibe stellengerecht untereinander und rechne.

256 + 77 | 272 + 462 | 176 + 587 | 329 + 67 | 37 + 751 | 583 + 194

256 + 77 = 333 | 272 + 462 = 734 | 176 + 587 = 763 | 329 + 67 = 396 | 37 + 751 = 788 | 583 + 194 = 777

(4) Schreibe sechs Aufgaben mit Übertrag in dein [Heft].

Vorsicht Fehler! (+)

SB S. 82

(1) a) Aufgepasst bei der Null!

418 + 252 = 670 | 388 + 202 = 590 | 642 + 59 = 701 | 178 + 231 = 409 | 83 + 317 = 400 | 585 + 275 = 860

b) Aufgepasst beim Übertrag! 1 gemerkt oder 2 gemerkt?

252 + 494 + 162 = 908 | 139 + 244 + 358 = 741 | 282 + 134 + 591 = 1007 | 425 + 216 + 143 = 784 | 182 + 465 + 371 = 1018 | 718 + 135 + 67 = 920

(2) Suche in jeder Aufgabe den Fehler. Verbinde mit dem passenden Tipp. Rechne die Aufgaben neu.

372 + 485 = 867 → 372 + 485 = 857 | 426 + 53 = 956 → 426 + 53 = 479 | 41 + 422 = 832 → 41 + 422 = 463

Aufgepasst beim Übertrag! | Rechnen bis 20 üben! | Stellengerecht untereinander schreiben!

681 + 274 = 855 → 681 + 274 = 955 | 327 + 368 = 696 → 327 + 368 = 695 | 54 + 327 = 867 → 54 + 327 = 381

★ (3) Klecksaufgaben

623 + 374 = 997 | 412 + 380 = 792 | 267 + 585 = 852 | 415 + 238 = 653 | 278 + 265 = 543 | 213 + 489 = 702

Übung macht den Meister (+)

SB S. 83

(1) Rechne nur die Aufgaben, deren Summe …

a) … zwischen 400 und 500 liegen,

228 + 256 = 484 | 384 + 292 | 342 + 89 = 431 | 179 + 256 = 435 | 94 + 312 = 406 | 165 + 278 = 443

b) … zwischen 700 und 800 liegen.

446 + 297 = 743 | 513 + 188 = 701 | 286 + 467 = 753 | 374 + 285 | 162 + 596 = 758 | 203 + 599

(2) Ziffernkarten: 0 2 3 4 5 6

Bilde aus den Ziffernkarten jeweils zwei dreistellige Zahlen. Addiere. Finde mehrere Aufgaben.

z. B. 234 + 560 = 794 | 243 + 650 = 893 | 304 + 562 = 866 | 304 + 526 = 830

★ (3) Ziffernkarten: 2 3 4 5 6 7

Bilde mit den Ziffernkarten zwei dreistellige Zahlen, sodass du diese Ergebnisse erhältst. Verwende immer alle Ziffernkarten.

das kleinste Ergebnis	das größte Ergebnis	Ergebnis 999	H-Stelle: 9 E-Stelle: 8	Ergebnis 900
z. B. 246 + 357 = 603	753 + 642 = 1395	467 + 532 = 999	675 + 243 = 918	257 + 643 = 900

Von Gewichten und vom Wiegen

SB S. 84/85

(1) Trage die Vergleichsgewichte ein.

50 g | 100 g | 25 g | ~~1 kg~~ | 250 g | 500 g | 1000 g | 2 g

1 kg (1000 g) | 500 g | 250 g | 100 g | 50 g | 25 g | 2 g

(2) a) Es sind immer 500 g. Berechne die Anzahl.

1 Becher Margarine | 5 Tafeln Schokolade | 2 Päckchen Butter

b) Es sind immer 100 g. Berechne auch hier die Anzahl.

2 Semmeln | 50 Gummibärchen | 10 Knusperriegel

(3) a) Ordne zu.

2 g | 10 g | 500 g | 20 kg | 50 kg | 2 kg

b) Ordne der Größe nach. Beginne mit dem kleinsten Gewicht.

2 g, 10 g, 500 g, 2 kg, 20 kg, 50 kg

(4) Berechne die fehlenden Gewichte. Überprüfe durch Nachrechnen.

Fruchtfleisch	132 g	206 g	135 g	115 g	59 g	46 g	172 g
Kernhaus, Schale, …	33 g	65 g	13 g	7 g	15 g	3 g	20 g
Gesamtgewicht	165 g	271 g	148 g	122 g	74 g	49 g	192 g

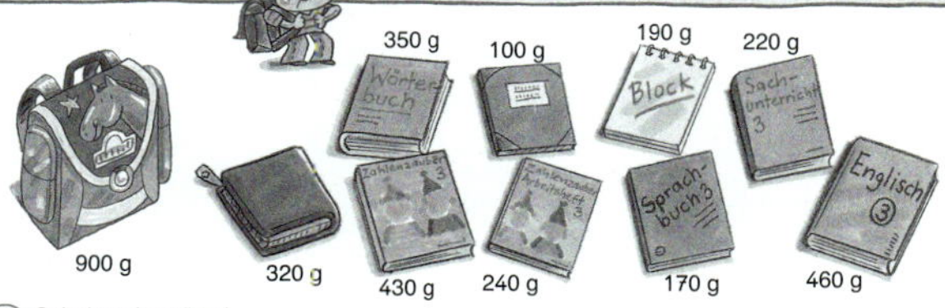

① Schultaschenrätsel

a) Tinas Schultasche wiegt 3670 g. Sie nimmt das Federmäppchen und das Wörterbuch heraus. Wie viel wiegt der Ranzen jetzt?

b) Tims Tasche wiegt 2630 g. Er packt noch einen Block und das Englischbuch ein. Wie viel wiegt die Tasche jetzt?

c) Anna sagt: Ich packe das Sprachbuch, das Heft und den Block ein. Um wie viel ist meine Tasche jetzt schwerer?

a) 320 + 350 = 670; 3670 − 670 = 3000

b) 2630 + 190 + 460 = 3280

c) 170 + 100 + 190 = 460

A: Der Ranzen wiegt jetzt 3000 g. Die Tasche wiegt jetzt 3280 g. Die Tasche ist um 460 g schwerer.

★ ②

Alle Mathematikbücher der dritten Klasse unserer Schule wiegen zusammen 40 kg. Kann das stimmen?

Ist es hier wichtig mit dem genauen Gewicht zu rechnen?

Mögliche Vorgehensweise:

Mathebuch	Gewicht
1	500 g
2	1 kg
20	10 kg
80	40 kg

Mathebuch	Gewicht
1	400 g
5	2 kg
10	4 kg
100	40 kg

Modellieren: Angenommen, auf die Grundschule gehen 100 oder mehr Kinder in die dritten Klassen, so kann das nicht stimmen, denn dann wiegen die Bücher mehr (es wurde mit 400 g und nicht mit 430 g gerechnet).

① Umfahre die Aufgaben, bei denen du wechseln musst. Rechne dann alle Aufgaben.

625 − 172 = 453 (umfahren) | 926 − 413 = 513 | 867 − 49 = 818 (umfahren) | 318 − 206 = 112 | 746 − 328 = 418 (umfahren)

625 − 473 = 152 (umfahren) | 394 − 173 = 221 | 539 − 394 = 145 (umfahren) | 886 − 374 = 512 | 968 − 598 = 370 (umfahren)

② Rechne nur die Aufgaben, bei denen du wechseln musst.

438 − 251 = 187 | 372 − 191 = 181 | 874 − 663 | 748 − 491 = 257 | 624 − 353 = 271

623 − 317 = 306 | 528 − 165 = 363 | 712 − 441 = 271 | 656 − 245 | 915 − 744 = 171

③ Male die Kreise in der passenden Farbe aus. Schreibe stellengerecht untereinander und rechne.

① Zehner in Einer wechseln ② Hunderter in Zehner wechseln

③ Nicht wechseln ④ Hunderter in Zehner und Zehner in Einer wechseln

② 377 – 293 ① 864 – 39 ③ 434 – 333

④ 676 – 89 ① 938 – 319 ② 426 – 63

377 − 293 = 84 | 676 − 89 = 587 | 864 − 39 = 825 | 938 − 319 = 619 | 434 − 333 = 101 | 426 − 63 = 363

④ Schreibe sechs Aufgaben, bei denen du wechseln musst, in dein 📖.

① Rechne.

607 − 372 = 235 | 709 − 453 = 256 | 690 − 438 = 252 | 528 − 306 = 222 | 430 − 288 = 142

870 − 334 = 536 | 418 − 203 = 215 | 660 − 417 = 243 | 701 − 502 = 199 | 550 − 167 = 383

930 − 642 = 288 | 606 − 420 = 186 | 771 − 508 = 263 | 506 − 428 = 78 | 440 − 151 = 289

② Male die Kreise in der passenden Farbe aus. Schreibe stellengerecht untereinander und rechne.

① Zehner in Einer wechseln ② Hunderter in Zehner wechseln

③ Nicht wechseln ④ Hunderter in Zehner und Zehner in Einer wechseln

④ 901 – 48 ① 431 – 208 ④ 505 – 98

① 680 – 352 ③ 672 – 401 ② 706 – 221

901 − 48 = 853 | 680 − 352 = 328 | 431 − 208 = 223 | 672 − 401 = 271 | 505 − 98 = 407 | 706 − 221 = 485

③ Schriftlich oder im Kopf? Rechne.

502 – 497 = 5 801 – 71 = 730 1000 – 421 = 579 570 – 103 = 467

604 – 290 = 314 401 – 375 = 26 808 – 455 = 353 600 – 246 = 354

1000 − 421 = 579 | 808 − 455 = 353 | 600 − 246 = 354

① Suche in jeder Aufgabe den Fehler. Verbinde mit dem passenden Tipp. Rechne richtig. Vergleiche mit deinem Partner.

456 − 275 = 281 → 456 − 275 = 181 | 604 − 368 = 237 → 604 − 368 = 236 | 307 − 126 = 281 → 307 − 126 = 181

Beim Wechseln Merkstrich nicht vergessen! | Aufgaben bis 20 üben! | Auf ⊕ und ⊖ achten!

440 − 178 = 362 → 440 − 178 = 262 | 703 − 236 = 939 → 703 − 236 = 467 | 519 − 278 = 251 → 519 − 278 = 241

② Rechne. Überprüfe mit der Umkehraufgabe. Rechne richtig.

923 − 587 = 336; 336 + 587 = 923 | 761 − 413 = 348; 348 + 413 = 761 | 846 − 173 = 673; 673 + 173 = 846

568 − 182 = 386; 386 + 182 = 568 | 424 − 256 = 168; 168 + 256 = 424 | 677 − 385 = 292; 292 + 385 = 677

③ Rechne.

436 − 287 = 149 | 573 − 164 = 409 | 803 − 307 = 496 | 621 − 450 = 171 | 928 − 433 = 495 | 749 − 508 = 241

643 − 217 = 426 | 781 − 624 = 157 | 315 − 97 = 218 | 963 − 519 = 444 | 728 − 305 = 423 | 604 − 263 = 341

Übung macht den Meister ⊖

SB S. 92/93

① Witzige Ergebnisse

777	856	988	412	663	864
− 543	− 178	− 532	− 289	− 96	− 519
234	678	456	123	567	345

② Rechne nur die 4 Aufgaben, deren Ergebnis zwischen 500 und 600 liegt.

947	713	881	644	789	887
− 381	− 137	− 295	− 281	− 245	− 176
566	576	586		544	

③ Rechnen mit besonderen Zahlen

212	323	313	535	858	969
− 121	− 232	− 131	− 353	− 585	− 696
91	91	182	182	273	273

★ Erkennst du, wie die Zahlen aufgebaut sind? Bilde weitere Aufgaben.

z. B.

959	848	727	616	828	939
− 595	− 484	− 272	− 161	− 282	− 393
364	364	455	455	546	546

Betrachte die Ergebnisse. Was fällt dir auf? *Es sind immer Vielfache von 91, abhängig vom Unterschied der beiden gewählten Ziffern. (Unterschied 1: Ergebnis 1 · 91, Unterschied 2: 2 · 91, ...)*

★ ④ Klecksaufgaben: Rechne. Überprüfe durch Nachrechnen.

545	924	537	422	419	845
− 273	− 762	− 381	− 260	− 275	− 650
272	162	156	162	144	195

953	253	620	731	643	318
− 667	− 167	− 186	− 575	− 274	− 187
286	86	434	156	369	131

Nun bin ich fit bei ⊕ und ⊖

SB S. 94/95

① Schärfe deinen Zahlenblick. Ordne die Rechnungen zu. Überprüfe. Rechne einfache Aufgaben im Kopf.

504 – 497 → Ergebnis kleiner als 10
306 + 648 + 50 → Ergebnis ungefähr 1000
937 – 45 → Ergebnis zwischen 800 und 900
268 + 735 → Ergebnis ungefähr 1000
555 – 549 → Ergebnis kleiner als 10
304 + 269 + 247 → Ergebnis zwischen 800 und 900

306	268
648	+ 735
+ 50	1003
1004	
	304
937	269
− 45	+ 247
892	820

② Klecksaufgaben

241	678	521	547	924	532
+ 493	+ 249	+ 199	− 286	− 861	− 269
734	927	720	261	63	263

③

gekauft	Gesamtpreis	gegeben	Rückgeld
2 Bleistifte 1 Spitzer	2,57 €	10 €	7,43 €
1 Block 1 Malkasten	10,94 €	20 €	9,06 €
3 Bleistifte 1 Radiergummi 1 Block	3,05 €	20 €	16,95 €
2 Blöcke 1 Spitzer	3,77 €	5 €	1,23 €

Rechne hier oder auf deinem Block.

Rechte Winkel entdecken und zeichnen

SB S. 96/97

① Zeichne in die Figuren rechte Winkel ein. Trage die Anzahl der rechten Winkel ein.

Welche Figur hat die meisten rechten Winkel?

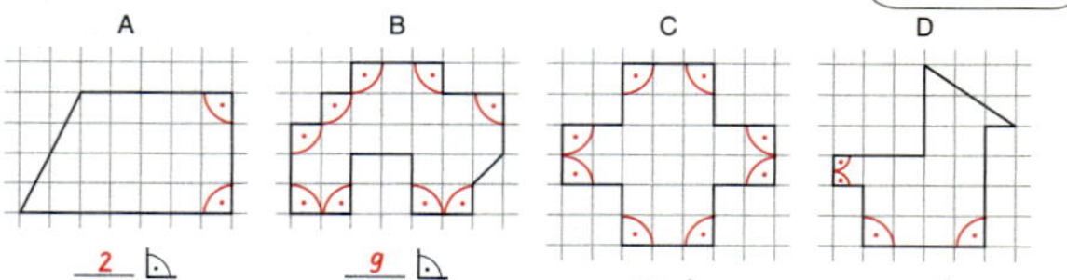

A: 2 ⊾ B: 9 ⊾ C: 8 ⊾ D: 4 ⊾

Figur B hat die meisten rechten Winkel.

② Färbe die gesuchten Flächen.

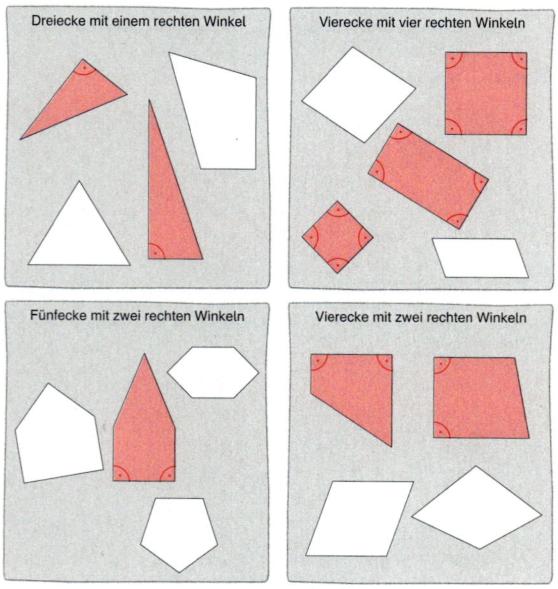

Geldscheine

SB S. 98/99

① Wie viel Geld ist es?

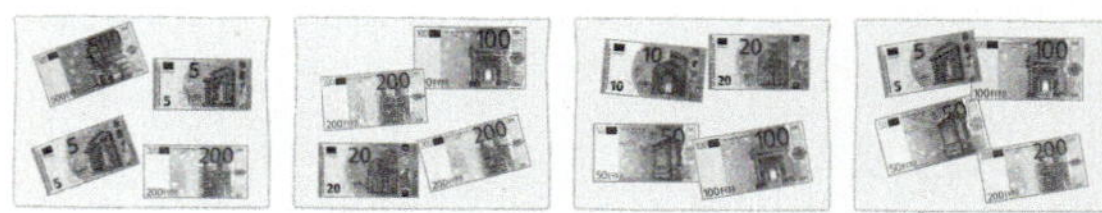

710 € | 520 € | 180 € | 355 €

② Welche Geldscheine können es sein? Vergleiche mit deinem Partner.

z. B.

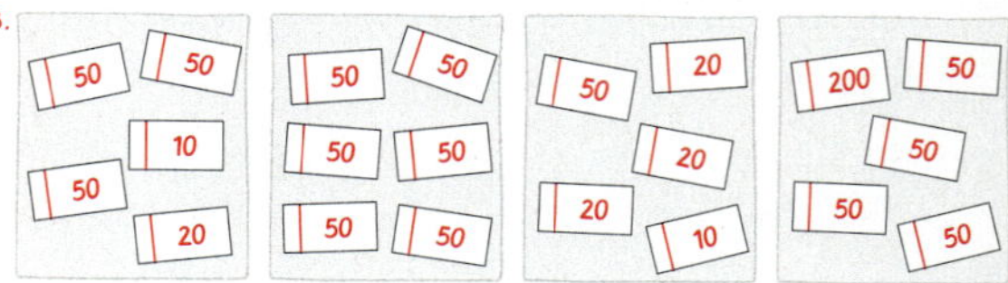

180 € | 300 € | 120 € | 400 €

③ Rätsel mit Geldscheinen

a) Senay hat 3 Geldscheine. Wie viel Geld hat sie mindestens? Wie viel Geld hat sie höchstens?

b) Timor hat 500€, 100€, 50€. Er legt einen Schein weg und nimmt einen größeren. Wie viel Geld könnte er jetzt haben?

c) Sascha hat 50€, 50€, 100€. Er wechselt einen Schein in 3 kleinere. Welche Scheine hat er jetzt?

a) 5 5 5
Senay hat mindestens 15 €.
500 500 500
Senay hat höchstens 1500 €.

b) z. B. 500 200 50
z. B. 500 100 100
z. B. 500 100 200
z. B. 500 500 50

c) 20 20 10
50 100

Schreibe ein Rätsel zu Geldscheinen in dein 📖.

Rund ums Rad

SB S. 100/101

① Leon spart für das Fahrrad ①. 137 € hat er bereits gespart. Seine Tante gibt ihm 50 € dazu. Er könnte jeden Monat 4 € von seinem Taschengeld sparen. Da am Fahrrad kein Licht montiert ist, braucht er noch ein Beleuchtungsset.

Rechne aus:

a) Gesamtpreis: 184,50 € + 25,50 € = 210 €

b) vorhandenes Geld: 137 € + 50 € = 187 €

c) fehlendes Geld: 210 € – 187 € = 23 €

d) So lange muss er sparen: 6 Monate 23 € : 4 € = 5 (Rest 3)

② Monikas Vater macht die 3 Fahrräder für die Familie „frühjahrsfit". Jedes Rad bekommt neue Fahrradmäntel. Ein Rad braucht ein neues Beleuchtungsset.

a) Wie viel muss er dafür im Fahrrad-Markt bezahlen?

A: Er zahlt dafür 85,50 €.

An der Kasse nimmt er Werkzeug für 9,90 € mit.

b) Wie viel kostet ihn sein Einkauf insgesamt?

A: Der Einkauf kostet insgesamt 95,40 €.

a) 10 € · 6 = 60 € ; 25,50 € + 60 € = 85,50 €

b) 85,50 € + 9,90 € = 95,40 €

Ein Kilometer – 1000 Meter

SB S. 102/103

① Immer ein Kilometer: Ergänze. Überprüfe durch Nachrechnen.

1 km	
700 m	300 m
400 m	600 m
200 m	800 m
800 m	200 m
900 m	100 m

1 km	
350 m	650 m
780 m	220 m
670 m	430 m
220 m	780 m
340 m	660 m

1 km	
451 m	549 m
662 m	338 m
722 m	278 m
454 m	546 m
912 m	88 m

② Ergänze. Überprüfe durch Nachrechnen.

1 km = 10 · 100 m
1 km = 5 · 200 m
1 km = 2 · 500 m
1 km = 4 · 250 m

③ a) Ergänze die Tabelle.

	1 Minute	2 Minuten	5 Minuten	10 Minuten	20 Minuten
Fußgänger	50 m	100 m	250 m	500 m	1 km
Jogger	250 m	500 m	1 km 250 m	2 km 500 m	5 km
Schlange	200 m	400 m	1 km	2 km	4 km
Pferd	500 m	1 km	2 km 500 m	5 km	10 km
Gepard	2 km	4 km	10 km	20 km	40 km
Schnecke	20 cm	40 cm	1 m	2 m	4 m

b) Wann erreicht jeder einen Kilometer? Du kannst auch auf deinem Block rechnen.

Fußgänger: 20 Minuten
Jogger: 4 min
Schlange: 5 Minuten
Gepard: $\frac{1}{2}$ min
Pferd: 2 Minuten
Schnecke: 5000 min (83 h 20 min)

④ Katharina geht zu Fuß zu Mateja. Sie schafft 100 m in 2 Minuten. Der Weg ist 1 km und 500 m lang. Wie viele Minuten braucht sie?

100 m	2 min
1000 m	20 min
1500 m	30 min

A: Katharina braucht 30 min für 1 km und 500 m.

Multiplizieren ⊙ und Dividieren ⊙ mit 10 und 100

SB S. 106/107

① Rechne.

a)
6 · 10 = 60 | 4 · 10 = 40 | 5 · 100 = 500 | 80 · 10 = 800
6 · 100 = 600 | 40 · 10 = 400 | 50 · 10 = 500 | 8 · 10 = 80
60 · 10 = 600 | 4 · 100 = 400 | 5 · 10 = 50 | 8 · 100 = 800

b)
7 · 10 = 70 | 8 · 10 = 80 | 30 · 10 = 300 | 50 · 10 = 500
7 · 100 = 700 | 80 · 10 = 800 | 3 · 100 = 300 | 5 · 10 = 50
70 · 10 = 700 | 8 · 100 = 800 | 3 · 10 = 30 | 5 · 100 = 500

② Rechne Aufgabe und Umkehraufgabe.

500 : 1 = 500 | 500 · 1 = 500 | 600 : 10 = 60 | 60 · 10 = 600
500 : 10 = 50 | 50 · 10 = 500 | 600 : 1 = 600 | 600 · 1 = 600
500 : 100 = 5 | 5 · 100 = 500 | 600 : 100 = 6 | 6 · 100 = 600

③ Rechne.

·10	
4	40
8	80
60	600
50	500

·100	
9	900
7	700
5	500
3	300

:10	
70	7
200	20
400	40
300	30

:100	
900	9
100	1
700	7
400	4

④ Färbe den richtigen Weg. Kreise die Zielzahl ein.

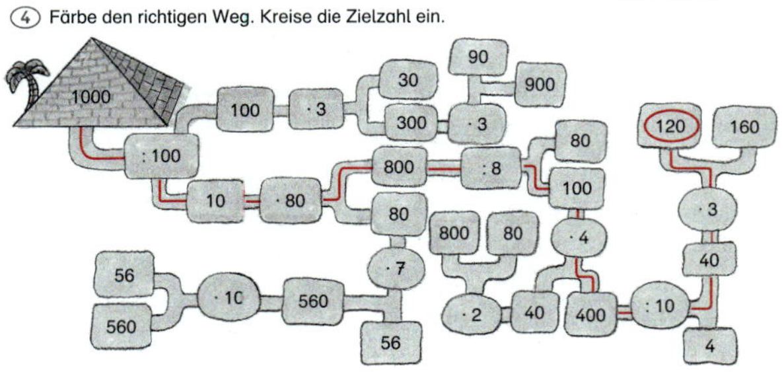

Multiplizieren ⊙ und Dividieren ⊙ mit Zehnerzahlen

SB S. 108/109

① Rechne.

4 · 6 = 24 | 6 · 7 = 42 | 9 · 5 = 45 | 3 · 7 = 21
4 · 60 = 240 | 6 · 70 = 420 | 9 · 50 = 450 | 3 · 70 = 210
40 · 6 = 240 | 60 · 7 = 420 | 90 · 5 = 450 | 30 · 7 = 210

② Rechne.

10 · 50 = 500 | 40 · 9 = 360 | 180 = 30 · 6 | 240 = 3 · 80
50 · 5 = 250 | 6 · 90 = 540 | 240 = 4 · 60 | 720 = 90 · 8
6 · 50 = 300 | 50 · 9 = 450 | 300 = 50 · 6 | 640 = 8 · 80
70 · 5 = 350 | 8 · 90 = 720 | 420 = 7 · 60 | 400 = 50 · 8

③ Rechne mit der Malaufgabe.

480 : 60 = 8 | 8 · 60 = 480 | 360 : 6 = 60 | 60 · 6 = 360
800 : 80 = 10 | 10 · 80 = 800 | 420 : 70 = 6 | 6 · 70 = 420
720 : 9 = 80 | 80 · 9 = 720 | 300 : 6 = 50 | 50 · 6 = 300

④ Schreibe drei verwandte Aufgaben auf.

72 : 8 = 9 | 63 : 7 = 9 | 54 : 6 = 9 | 49 : 7 = 7
720 : 8 = 90 | 630 : 7 = 90 | 540 : 6 = 90 | 490 : 7 = 70
720 : 80 = 9 | 630 : 70 = 9 | 540 : 60 = 9 | 490 : 70 = 7

⑤ a) Male die Aufgabenkärtchen in der passenden Farbe an.
Vorsicht: Vier Aufgaben bleiben übrig.

△ 4 · 90 | □ 2 · 80 | ✦ 4 · 250 | □ 4 · 40 | ○ 80 · 5

✦ 500 · 2 | △ 60 · 6 | 5 · 8 | ✦ 10 · 100 | ○ 10 · 40 | 10 · 10

□ 40 · 4 | □ 8 · 20 | ○ 50 · 8 | 60 · 3 | △ 9 · 40

○ 4 · 100 | □ 20 · 8 | △ 90 · 4 | ✦ 4 · 250

b) Finde für die leeren Kärtchen passende Malaufgaben.

Grundwissen ④

SB S. 110/111

1 Umfahre alle Aufgaben mit Übertrag. Rechne alle Aufgaben.

229 + 447	676
347 + 421	768
525 + 246	771
462 + 527	989
139 + 546	685
856 + 427	1283
481 + 362	843
248 + 441	689
338 + 516	854
765 + 156	921

2 Umfahre die Aufgaben, bei denen du wechseln musst. Rechne alle Aufgaben.

625 − 172	453
926 − 413	513
867 − 49	818
318 − 206	112
746 − 328	418
625 − 473	152
394 − 173	221
539 − 394	145
886 − 374	512
968 − 598	370

3 Rechne.

6 · 1 = 6 | 4 · 10 = 40 | 5 · 100 = 500 | 8 · 100 = 800
6 · 10 = 60 | 4 · 100 = 400 | 5 · 1 = 5 | 8 · 10 = 80
6 · 100 = 600 | 4 · 1 = 4 | 5 · 10 = 50 | 8 · 1 = 8

700 : 100 = 7 | 800 : 100 = 8 | 200 : 100 = 2 | 480 : 10 = 48
400 : 10 = 40 | 600 : 100 = 6 | 900 : 10 = 90 | 200 : 100 = 2

4 Rechne.

4 · 6 = 24 | 6 · 7 = 42 | 72 : 8 = 9 | 63 : 7 = 9
4 · 60 = 240 | 6 · 70 = 420 | 720 : 8 = 90 | 630 : 7 = 90
40 · 6 = 240 | 60 · 7 = 420 | 720 : 80 = 9 | 630 : 70 = 9

Bist du fit? ④

SB S. 110/111

1 Rechne nur die Aufgaben mit Übertrag.

326 + 183	509
818 + 161	
468 + 466	934
519 + 347	866
386 + 153	539

2 Rechne nur die Aufgaben, bei denen du wechseln musst.

623 − 317	306
528 − 165	363
712 − 441	271
656 − 245	
915 − 744	171

3 Klecksaufgaben

356 + 287	643
665 + 319	984
157 + 495	652
97 + 386	483
536 + 398	934
329 + 461	790
541 − 263	278
924 − 762	162
537 − 381	156
422 − 260	162
253 − 167	86
620 − 186	434

4 Rechne.

500 = 10 · 50 | 360 = 40 · 9 | 320 = 40 · 8 | 210 = 30 · 7
250 = 50 · 5 | 540 = 6 · 90 | 240 = 3 · 80 | 350 = 5 · 70

5 Rechne.

8 · 40 = 320 | 9 · 30 = 270 | 6 · 40 = 240
8 · 60 = 480 | 9 · 70 = 630 | 6 · 90 = 540

36 : 4 = 9 | 56 : 7 = 8 | 24 : 8 = 3
360 : 4 = 90 | 560 : 7 = 80 | 240 : 8 = 30
360 : 40 = 9 | 560 : 70 = 8 | 240 : 80 = 3

Genaue und ungefähre Angaben

SB S. 112/113

① Wie gehören die Zahlen zusammen? Verbinde.

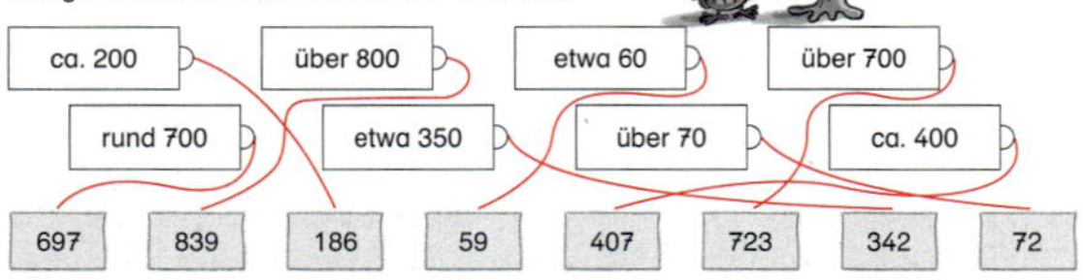

② a) So hoch wachsen Bäume. Zeichne ein Diagramm.

Eibe	ca. 15 m
Eiche	ca. 20 m
Feldahorn	ca. 10 m
Fichte	ca. 30 m
Hasel	ca. 15 m

Kastanie	ca. 25 m
Kiefer	ca. 35 m
Tanne	ca. 40 m
Redwood-Baum (Amerika)	ca. 110 m
Sequoia-Baum (Amerika)	ca. 95 m

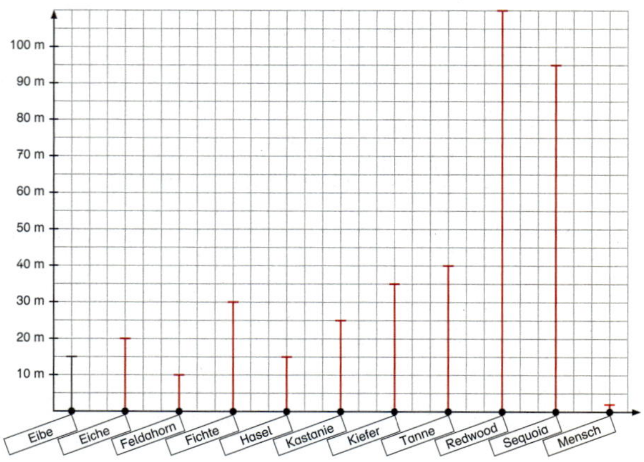

b) Wie groß ist in deinem Diagramm ein Mensch? Zeichne ein.

Am Geobrett: Fläche, Umfang, Achsensymmetrie

SB S. 114/115

① Wie groß sind diese Flächen? Miss mit kleinen Quadraten aus.

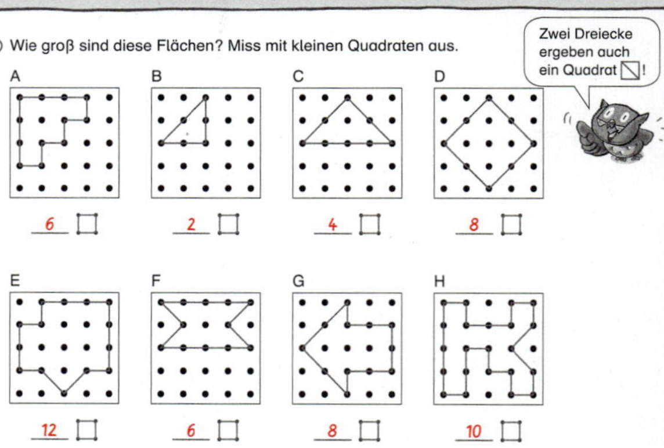

Die größte Fläche hat Figur E.

② Welche Figur hat den kleinsten Umfang?

Ich vermute: Es ist Figur ____.

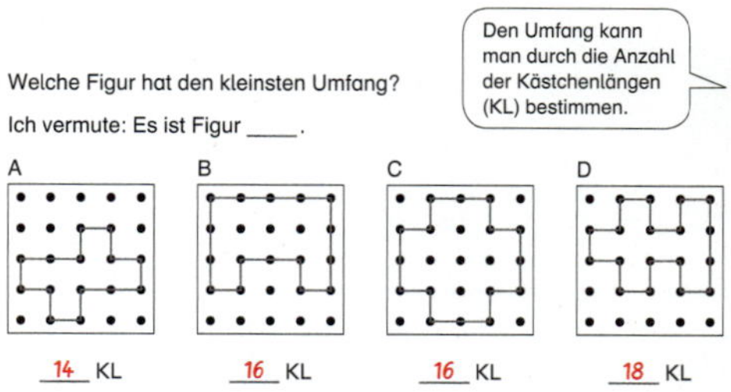

Ich habe es überprüft: Es ist Figur A.

③ Ergänze die Figuren achsensymmetrisch.

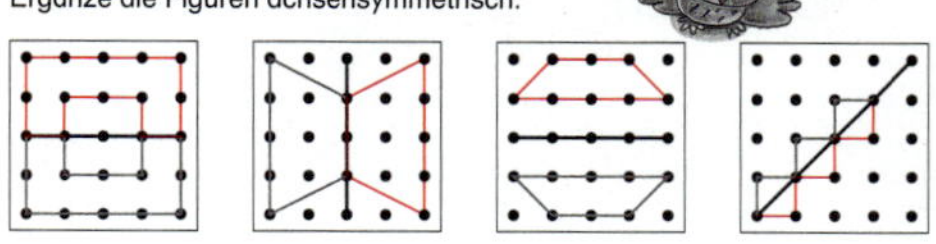

Vergrößern

SB S. 116

① Setze ein: 1 | 2 | Kästchen | doppelte

Maßstab 2 : 1 heißt: Ich zeichne 2 Kästchen für __1__ Kästchen.

Ich zeichne 4 __Kästchen__ für __2__ Kästchen.

Ich zeichne immer die __doppelte__ Länge.

② Zeichne im Maßstab 2 : 1.

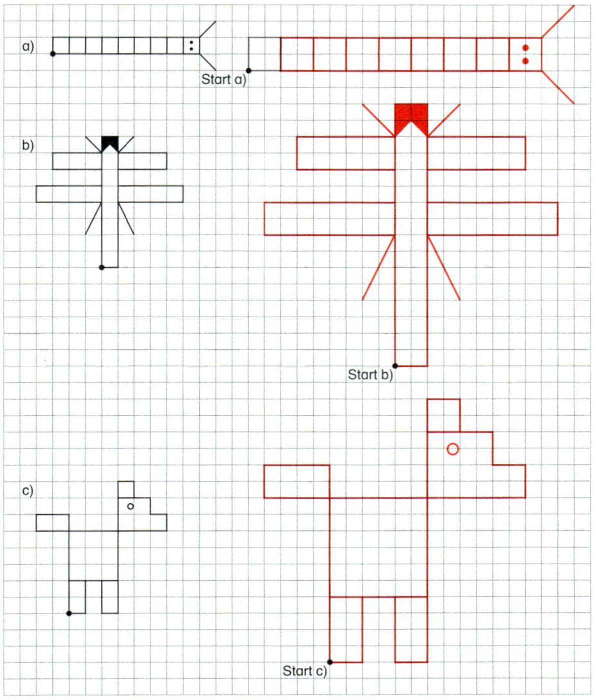

Verkleinern

SB S. 117

① Setze ein: 1 | 2 | 4 | halbe

Maßstab 1 : 2 heißt: Ich zeichne __1__ Kästchen für 2 Kästchen.

Ich zeichne __2__ Kästchen für __4__ Kästchen.

Ich zeichne immer die __halbe__ Länge.

② Zeichne im Maßstab 1 : 2.

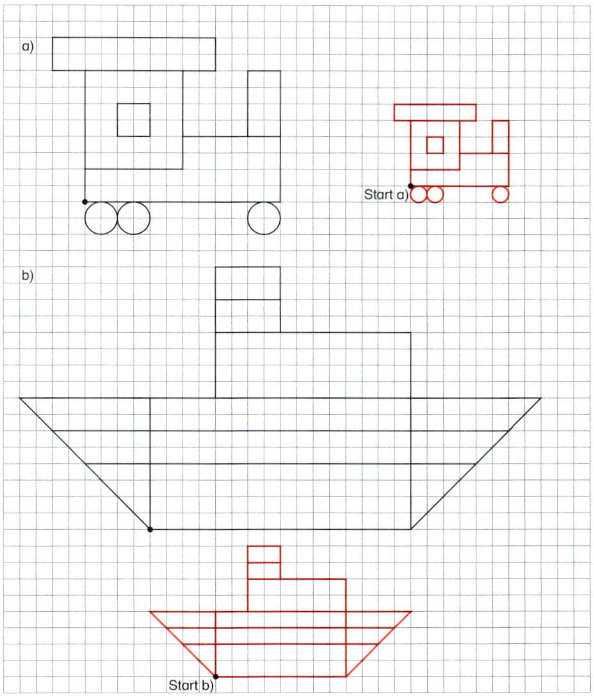

Denken, rechnen, knobeln

SB S. 118/119

① Vergrößere die Grundsteine immer um 1 und rechne.

a)
- 41 / 20 21 / 7 13 8
- 45 / 22 23 / 8 14 9
- 49 / 24 25 / 9 15 10

b)
- 95 / 54 41 / 30 24 17
- 99 / 56 43 / 31 25 18
- 103 / 58 45 / 32 26 19

c)
- 675 / 275 400 / 230 45 355
- 679 / 277 402 / 231 46 356
- 683 / 279 404 / 232 47 357

d) Wie verändern sich die Zielsteine? Erkennst du das Muster? Vergleiche mit deinem Partner. Erhöhen sich die 3 Grundsteine um jeweils 1, so wird der Zielstein um 3 größer.

② Berechne jeweils die erste Mauer. Erhöhe die Grundsteine gleichmäßig, sodass du den Zielstein erreichst.

a)
- 24 / 11 13 / 3 8 5
- 28 / 13 15 / 4 9 6
- 36 / 17 19 / 6 11 8

b)
- 60 / 38 22 / 26 12 10
- 68 / 42 26 / 28 14 12
- 76 / 46 30 / 30 16 14

c)
- 600 / 404 196 / 320 84 112
- 608 / 408 200 / 322 86 114
- 648 / 428 220 / 332 96 124

d)
- 420 / 190 230 / 70 120 110
- 500 / 230 270 / 90 140 130
- 620 / 290 330 / 120 170 160

Überschlagen und überprüfen

SB S. 120/121

① Welche Überschläge passen am besten? Male an.

a)	453 + 151 + 386	**400 + 200 + 400**	400 + 100 + 300	500 + 200 + 400
b)	291 + 185 + 417	200 + 100 + 400	**300 + 200 + 400**	300 + 200 + 500
c)	367 + 158 + 275	**400 + 100 + 300**	400 + 200 + 300	300 + 100 + 200
d)	613 + 86 + 256	**600 + 100 + 250**	600 + 200	600 + 100 + 300

Rechne nun genau. Vergleiche mit dem Überschlag.

a) 453 + 151 + 386 = 990

b) 291 + 185 + 417 = 893

c) 367 + 158 + 275 = 800

d) 613 + 86 + 256 = 955

② Richtig oder falsch? Begründe.

a) 281 + 355 = ~~536~~ b) 524 + 336 = 860 c) 1000 – 687 = ~~423~~

300 + 400 = 700 Der Überschlag genügt.

500 + 300 = 800; 524 + 336 = 860 genaues Ergebnis notwendig.

1000 – 700 = 300 Der Überschlag genügt.

③ Richtig r oder falsch f ? Überprüfe mit der Umkehraufgabe.

- 653 – 218 = 435 → 435 + 218 = 653 → r
- 814 – 685 = 189 → 189 + 685 = 874 → f
- 456 + 275 = 731 → 731 – 275 = 456 → r
- 287 + 98 = 285 → 285 – 98 = 187 → f

Sekunden – Minuten – Stunden

① Wandle um.

60 s = 1 min — 60 min = 1 h

180 s = 3 min — 240 min = 4 h

300 s = 5 min — 360 min = 6 h

② Wandle um.

1 Stunde = 60 Minuten — 1 Minute = 60 Sekunden

1 halbe Stunde = 30 Minuten — 1 Tag = 24 Stunden

1 Viertelstunde = 15 Minuten — 120 Sekunden = 2 Minuten

1 Dreiviertelstunde = 45 Minuten — 90 Minuten = $1\frac{1}{2}$ Stunden

③ Wie viele Minuten fehlen bis zu einer Stunde? Ergänze. Überprüfe durch Nachrechnen.

15 min + 45 min = 1 h — 12 min + 48 min = 1 h

30 min + 30 min = 1 h — 38 min + 22 min = 1 h

45 min + 15 min = 1 h — 47 min + 13 min = 1 h

④ Wie lange dauert es? Berechne die Zeitspannen.

a) Kino
Beginn: 13.45 Uhr
Ende: 16.07 Uhr
Dauer der Vorstellung:
2 Stunden 22 Minuten

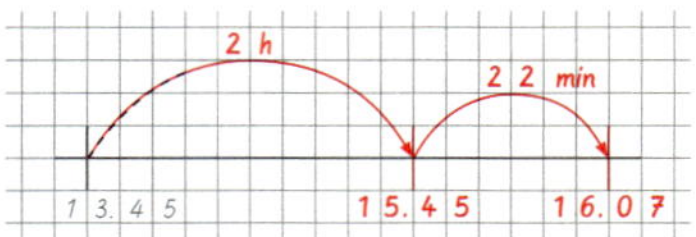

b) Zugfahrt
Abfahrt: 9.17 Uhr
Ankunft: 14.12 Uhr
Fahrtdauer:
4 Stunden 55 Minuten

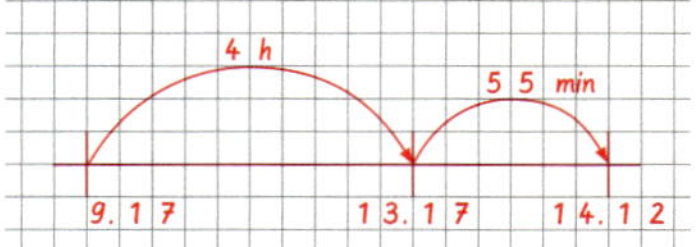

c) Wanderung
Start: 8.30 Uhr
Ende: 12.25 Uhr
Dauer der Wanderung:
3 Stunden 55 Minuten

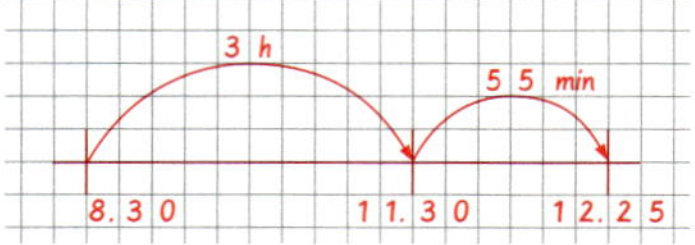

⑤ Gestalte eine Merkseite zu Sekunden – Minuten – Stunden in deinem 📖.

Eine Reise nach Berlin

Nürnberg → Berlin Hbf
Fahrplanauskunft

Ab	Gleis	Umst.	An
09.33	7	1	14.21
10.05	6	2	15.21
12.00	5	2	17.08

Ab	Gleis	Umst.	An
12.35	3	2	18.07
13.06	7	0	18.05
14.35	6	1	19.25

① a) Wie lange dauern die Fahrten von Nürnberg nach Berlin jeweils?

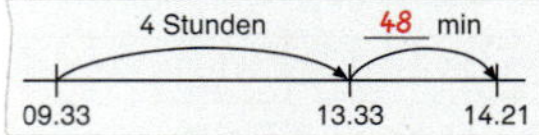

Fahrtdauer: 4 Stunden 48 Minuten

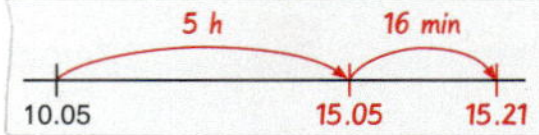

Fahrtdauer: 5 Stunden 16 Minuten

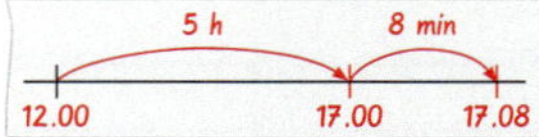

Fahrtdauer: 5 Stunden 8 Minuten

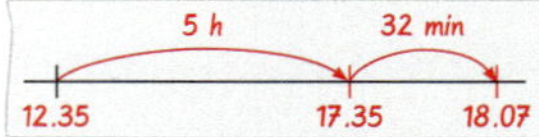

Fahrtdauer: 5 Stunden 32 Minuten

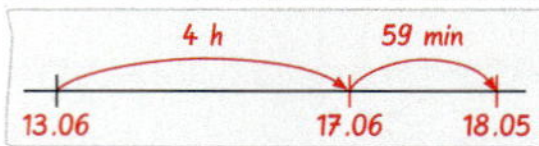

Fahrtdauer: 4 Stunden 59 Minuten

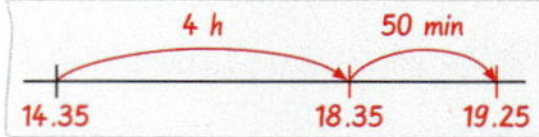

Fahrtdauer: 4 Stunden 50 Minuten

★ b) Berechne den Zeitunterschied zwischen der kürzesten und der längsten Fahrzeit.

5 h 32 min – 4 h 48 min = 44 min; Zeitunterschied: 44 min

② Frau Müller will um 18.30 Uhr in Berlin sein. Wann muss sie spätestens in Nürnberg losfahren? Sie muss spätestens um 13.06 Uhr losfahren.

③ Herr Böhmer fährt mit dem Auto. Er fährt um 9.30 Uhr in Nürnberg los und kommt um 14.45 Uhr in Berlin an. Vergleiche mit der Bahn.

Dauer der Autofahrt: 5 h 15 min, Dauer der schnellsten Zugfahrt: 4 h 48 min.

Mit dem Zug ist es schneller.

Berlin ist eine Reise wert

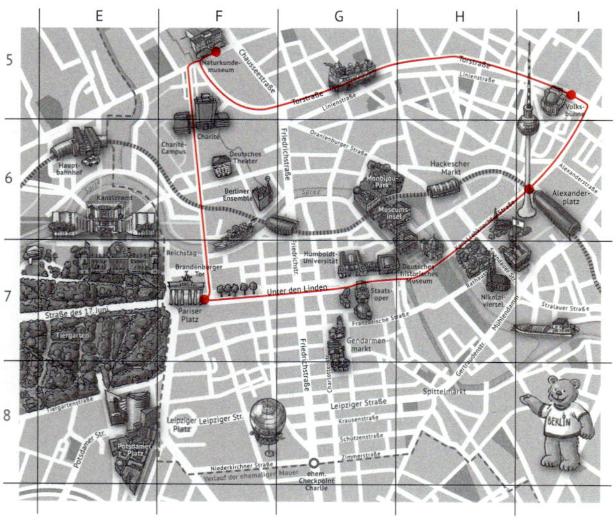

① a) Welches Gebäude befindet sich in Planquadrat F7? Das Brandenburger Tor.

b) Welches Gebäude befindet sich in Planquadrat I6? Der Fernsehturm am Alexanderplatz.

c) Welches Gebäude befindet sich in Planquadrat H6? Der Hackesche Markt.

② a) In welchem Planquadrat ist die Volksbühne? In Planquadrat I5.

b) In welchem Planquadrat ist das Kanzleramt? In Planquadrat E6.

c) In welchem Planquadrat liegt die Straße des 17. Juni? In Planquadrat E7.

③ Zeichne in der Karte den folgenden Weg ein:
Du gehst vom Brandenburger Tor zum Fernsehturm und weiter zur Volksbühne.
Von dort läufst du zunächst zum Naturkundemuseum und dann zum Brandenburger Tor zurück.

Vergleicht eure Wege.

Parkette ①

① Setze die Parkette fort.

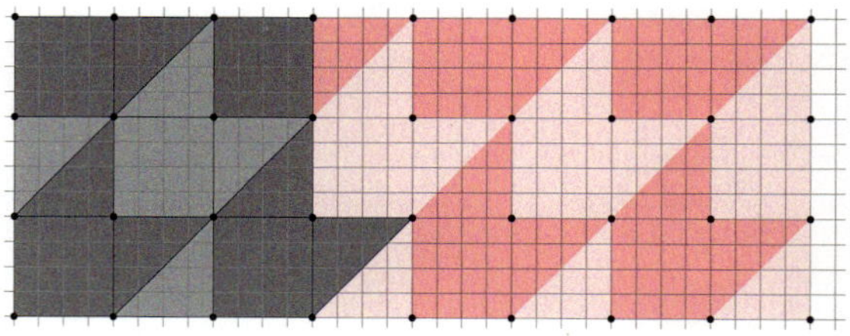

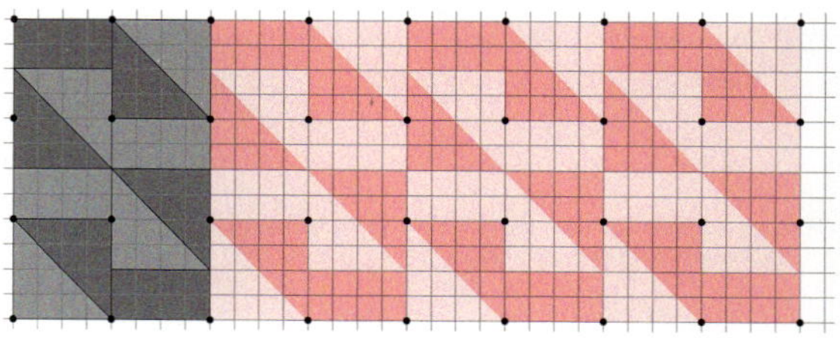

★ ② Setze das Parkett fort.

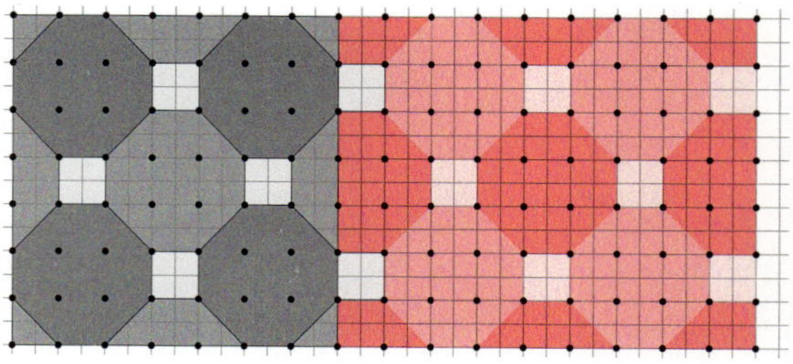

Parkette ②

SB S. 128/129

① Setze die Parkette fort.

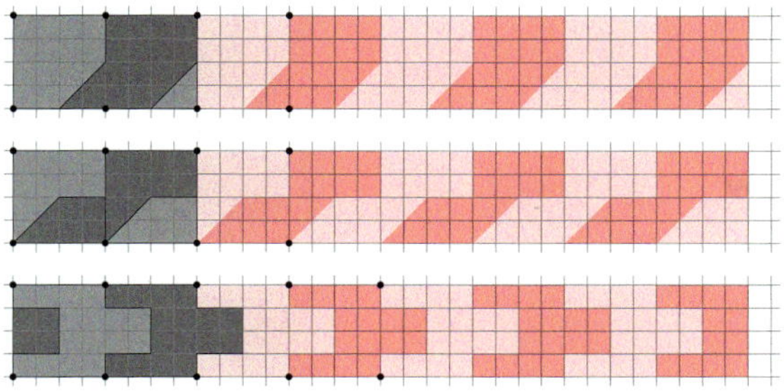

② Vom Quadrat zum Frosch: Setze das Parkett fort.

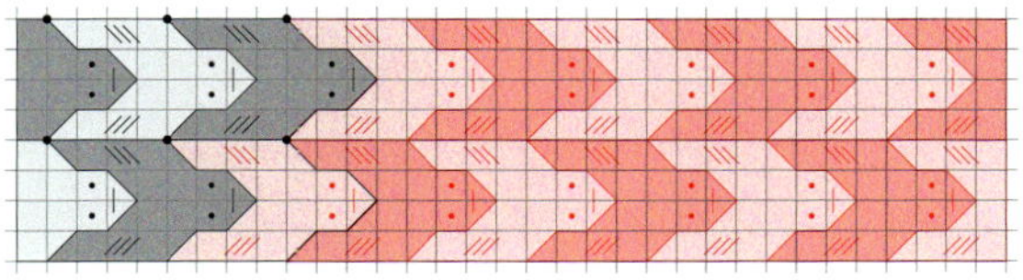

★ ③ Vom Quadrat zum Riesenrochen: Setze das Parkett fort.

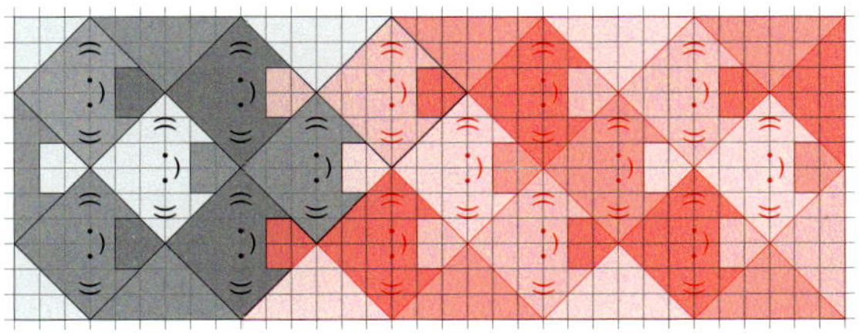

Male selbst Parkette in dein 📖.

Im Dino-Land

SB S. 130/131

① Hilf Simsala und Bim, die Lücken in ihrem Forscherbuch zu füllen.

Name	Steini-Dino	Aqua-Dino	Duplo-Dino	Gumbo-Dino	Ohro-Dino
Gewicht	906 kg	*830 kg*	1200 kg	881 kg	*341 kg*
Alter	226 Jahre	834 Jahre	567 Jahre	*452 Jahre*	405 Jahre
Größe	*67 m*	30 m	*50 m*	21 m	16 m

30 m + 21 m + 16 m = 67 m

2 · 38 kg = 76 kg

906 kg − 76 kg = 830 kg

1200 kg − 900 kg = 300 kg

300 : 6 = 50

226 · 2 = 452

2 · 58 kg = 116 kg

225 kg + 116 kg = 341 kg

② Rätsel

Wer bin ich?
Wenn du 2 · 200 rechnest und dann noch 5 dazuzählst, weißt du mein Alter.
Name: *Ohro-Dino*

Wer bin ich?
Wenn du von 2000 kg das Doppelte von 547 kg abziehst, erhältst du mein Gewicht.
Name: *Steini-Dino*

Wer bin ich?
Verdopple die Zahl 150. Teile sie nun durch 10. Jetzt weißt du meine Größe.
Name: *Aqua-Dino*

Sommerferien

SB S. 132/133

① a) Welches Bundesland beginnt als erstes mit den Ferien?

Nordrhein-Westfalen

b) Welches Bundesland beginnt als letztes?

Bayern

c) In welchen Bundesländern beginnen die Ferien am 20. 7. und enden am 29. 8.?

Mecklenburg-Vorpommern,
Schleswig-Holstein

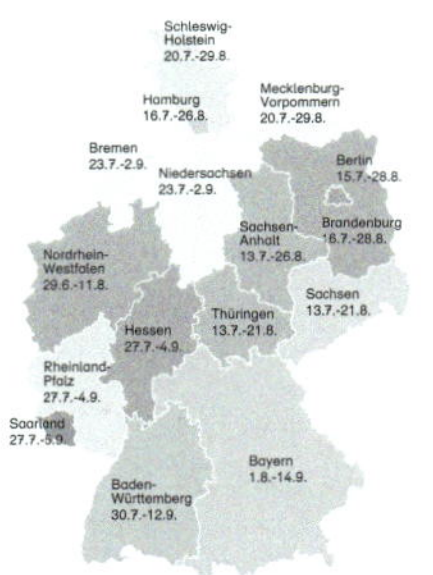

② Wie lang sind die Sommerferien in den folgenden Bundesländern?

Bundesland	Bayern (BY)	Baden-Württemberg (BW)	Nordrhein-Westfalen (NRW)	Berlin (B)
Tage	*45*	*45*	*44*	*45*

③ a) Du ziehst in den Sommerferien von Nordrhein-Westfalen nach Bayern. Wie viele Tage hast du Ferien?

A: *78 Tage*

Ferienbeginn in (NRW) *29. 6.*
Ferienende in (BY) *14. 9.*

b) Du ziehst zu Beginn der Ferien von Bayern nach Nordrhein-Westfalen. Wie viele Tage hast du Ferien?

A: *11 Tage*

★ ④ An welchen Tagen haben im Bild oben alle Schüler in Deutschland Sommerferien?

A: *1. 8., 2. 8., 3. 8., 4. 8., 5. 8., 6. 8., 7. 8., 8. 8., 9. 8., 10. 8., 11. 8.*

Ferienbeginn in (BY) *1. 8.*
Ferienende in (NRW) *11. 8.*

📖 Finde eigene Fragestellungen.

Grundwissen ⑤

SB S. 134/135

❶ Wie heißen die Zahlen?

4 H *2* Z *6* E = *426*

3 H *9* Z *1* E = *391*

4 H *0* Z *4* E = *404*

6 H *1* Z *0* E = *610*

❷ Rechne.

a)
3 · 9 = *27*, 4 · 7 = *28*, 5 · 5 = *25*
4 · 8 = *32*, 4 · 6 = *24*, 4 · 4 = *16*
7 · 5 = *35*, 7 · 10 = *70*, 7 · 7 = *49*
9 · 3 = *27*, 9 · 6 = *54*, 9 · 9 = *81*

b)
24 = 3 · *8*, 48 = *6* · 8, 56 = 7 · *8*
42 = 6 · *7*, 36 = *6* · 6, 24 = 6 · *4*
32 = 4 · *8*, 16 = *4* · 4, 40 = 4 · *10*
20 = 5 · *4*, 40 = *4* · 10, 60 = 10 · *6*

❸ Rechne.

a)
72 : 9 = *8*, 36 : 9 = *4*
48 : 8 = *6*, 24 : 8 = *3*
54 : *9* = 6, 45 : *5* = 9
63 : *7* = 9, 56 : *7* = 8

b)
360 : 10 = *36*, 360 : 60 = *6*
450 : 10 = *45*, 450 : 50 = *9*
1000 : 10 = *100*, 1000 : 20 = *50*
400 : 10 = *40*, 400 : 80 = *5*

❹ Schriftlich addieren

285 + 324 = *609*
519 + 214 = *733*
609 + 215 = *824*
489 + 122 = *611*
543 + 457 = *1000*

❺ Schriftlich subtrahieren

634 − 321 = *313*
725 − 216 = *509*
543 − 152 = *391*
986 − 297 = *689*
1000 − 245 = *755*

1 Rechne.

a)
36 : 4 = 9
360 : 40 = 9
370 : 40 = 9 R 10

b)
48 : 8 = 6
480 : 80 = 6
500 : 80 = 6 R 20

c)
30 : 5 = 6
300 : 50 = 6
325 : 50 = 6 R 25

d)
18 : 3 = 6
180 : 30 = 6
195 : 30 = 6 R 15

e)
72 : 9 = 8
720 : 90 = 8
750 : 90 = 8 R 30

f)
54 : 6 = 9
540 : 60 = 9
550 : 60 = 9 R 10

2 Rechne.

673	555	931	642	963	476
+ 288	+ 282	− 55	− 279	− 216	+ 353
961	837	876	363	744	829

3 Auf welchem Weg findet jeder Geist zu seiner Flasche? Rechne und verbinde.

50 · 7 = 350
350 + 38 = 388
388 − 68 = 320
320 : 40 = 8
8 · 70 = 560
560 : 8 = 70

315 + 45 = 360
360 : 9 = 40
40 · 7 = 280
280 + 54 = 334
334 + 66 = 400
400 : 5 = 80

432 + 43 = 475
475 + 65 = 540
540 : 60 = 9
9 · 70 = 630
630 + 90 = 720
720 : 8 = 90

Inhaltsverzeichnis

SB S. 4/5

Finde zu den Texten die passenden Fragen, Rechnungen und Antworten.
Färbe in der gleichen Farbe, was zusammengehört. Vergleiche mit deinem Partner.

Ich war im Zeltlager. In der ersten Woche waren wir 48 Kinder, in der zweiten Woche nur noch 23 Kinder.

An unserem Strand waren viele Muscheln. Mein Bruder hat 37 Muscheln gefunden, ich 22.

Wir sind mit einem Bus nach Spanien gefahren. Im Bus waren 12 Kinder und 36 Erwachsene.

Bei unserer Radtour sind wir am ersten Tag 4 Stunden gefahren, am zweiten Tag doppelt so lang und am dritten Tag von 9 Uhr bis 13 Uhr.

Für unser Grillfest haben wir 30 kleine Maiskolben besorgt, damit jeder 3 Maiskolben essen konnte.

Wir sind mit einer Sesselbahn auf einen Berg gefahren. Meine Eltern mussten je 8 € bezahlen, ich die Hälfte.

Wie viele Stunden sind wir insgesamt gefahren?	Wie viele Personen waren im Bus?	Wie viele Personen waren beim Grillfest?
Wie viele Muscheln waren das insgesamt?	Wie viele Kinder sind nach der ersten Woche heimgefahren?	Wie viel mussten wir insgesamt bezahlen?

h = Stunde

30 : 3 = ____	4 h + ____ h + ____ h = ____ h	12 + 36 = ____
37 + 22 = ____	48 – ____ = 23	8 € + ____ € + ____ € = ____ €

____ Personen waren beim Grillfest.	Im Bus waren ____ Personen.	Wir sind insgesamt ____ Stunden gefahren.
Es waren insgesamt ____ Muscheln.	Es sind ____ Kinder heimgefahren.	Wir mussten insgesamt ____ € bezahlen.

SB S. 6/7

① Trage die Zahlen in die Stellenwerttafel ein oder zeichne sie.

H	Z	E
1	3	5

H	Z	E

H	Z	E

H	Z	E

H	Z	E

H	Z	E
1	4	1

H	Z	E
	6	4

H	Z	E
1	0	3

H	Z	E
1	0	0

H	Z	E
1	7	0

② Rechnen mit Einern und Zehnern ⊕

a)
26 + 2 = ____
36 + 3 = ____
51 + 4 = ____
46 + 4 = ____

b)
25 + 10 = ____
23 + 20 = ____
31 + 30 = ____
13 + 40 = ____

③ Rechnen mit Einern und Zehnern ⊖

a)
27 – 5 = ____
38 – 6 = ____
49 – 7 = ____
35 – 4 = ____

b)
56 – 20 = ____
53 – 30 = ____
67 – 40 = ____
43 – 30 = ____

Hunderter, Zehner, Einer ②

SB S. 6/7

① Lege im Kopf dazu. Rechne.

a) Immer (+1)
- 27 + 1 = ____
- 49 + 1 = ____
- 66 + 1 = ____
- 82 + 1 = ____
- 99 + 1 = ____

b) Immer (+10)
- 15 + 10 = ____
- 29 + 10 = ____
- 48 + 10 = ____
- 74 + 10 = ____
- 86 + 10 = ____

c) Immer (+5)
- 24 + 5 = ____
- 42 + 5 = ____
- 61 + 5 = ____
- 73 + 5 = ____
- 95 + 5 = ____

d) Immer (+40)
- 16 + 40 = ____
- 29 + 40 = ____
- 43 + 40 = ____
- 58 + 40 = ____
- 60 + 40 = ____

② Nimm im Kopf weg. Rechne.

a) Immer (–1)
- 20 – 1 = ____
- 35 – 1 = ____
- 58 – 1 = ____
- 86 – 1 = ____
- 100 – 1 = ____

b) Immer (–10)
- 28 – 10 = ____
- 44 – 10 = ____
- 69 – 10 = ____
- 81 – 10 = ____
- 95 – 10 = ____

c) Immer (–3)
- 39 – 3 = ____
- 57 – 3 = ____
- 78 – 3 = ____
- 86 – 3 = ____
- 95 – 3 = ____

d) Immer (–30)
- 35 – 30 = ____
- 51 – 30 = ____
- 79 – 30 = ____
- 85 – 30 = ____
- 98 – 30 = ____

③ Überlege: Welche Stellen ändern sich jeweils? Rechne.

Wenn ich E dazugebe, dann …

a)
- 46 + 3 = ____
- 46 + 30 = ____
- 46 + 33 = ____

b)
- 32 + 6 = ____
- 32 + 60 = ____
- 32 + 66 = ____

c)
- 23 + 5 = ____
- 23 + 50 = ____
- 23 + 55 = ____

d)
- 89 – 7 = ____
- 89 – 70 = ____
- 89 – 77 = ____

e)
- 65 – 4 = ____
- 65 – 40 = ____
- 65 – 44 = ____

f)
- 98 – 6 = ____
- 98 – 60 = ____
- 98 – 66 = ____

g)
- 36 + 4 = ____
- 36 + 40 = ____
- 36 + 44 = ____

Und was ist hier anders?

h)
- 63 – 4 = ____
- 63 – 40 = ____
- 63 – 44 = ____

1 Wie heißen die Zahlen am Zahlenstrahl?

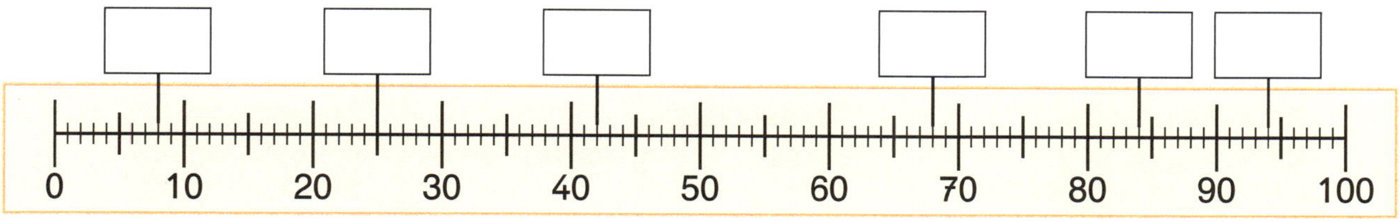

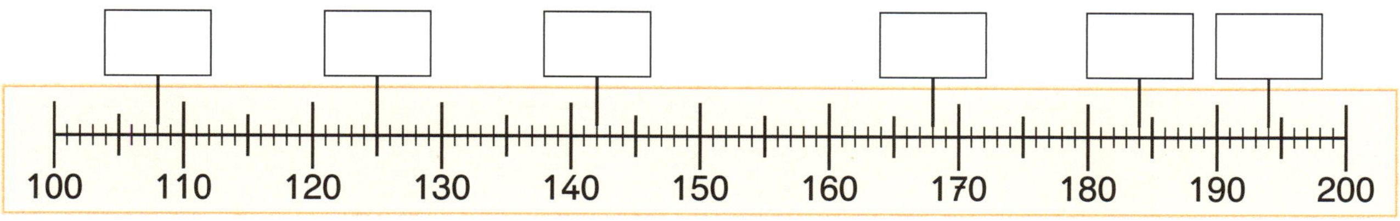

Was fällt dir auf? Tausche dich mit deinem Partner aus. ______

______

2 Nachbarn gesucht

___ 35 ___ ___ 135 ___	___ 42 ___ ___ 142 ___	___ 57 ___ ___ 157 ___
___ 69 ___ ___ 169 ___	___ 71 ___ ___ 171 ___	___ 99 ___ ___ 199 ___

3 Vorwärts und rückwärts zählen: Schreibe die fehlenden Zahlen auf.

a) 97, 98, ___, ___, ___, 102

b) 107, 108, ___, ___, ___, 112

c) 122, 121, ___, ___, ___, 117

d) 165, 164, ___, ___, ___, 160

4 Erkennst du das Muster? Setze die Zahlenfolgen fort.

a) 134, 136, 138, ___, ___, 144
+2

b) 151, 153, 155, ___, ___, 161

c) 186, 184, 182, ___, ___, 176

d) 107, 105, 103, ___, ___, 97

e) 147, 150, 153, ___, ___, 162

f) 186, 183, 180, ___, ___, 171

g) 114, 117, 121, 126, ___, ___, ___, 156

h) 174, 178, 176, 180, ___, ___, ___, 184

i) Schreibe weitere Zahlenfolgen in dein Heft. Erkläre deine Zahlenfolgen.

Addieren ⊕ über den Zehner

SB S. 10

① Kreise ein und rechne.

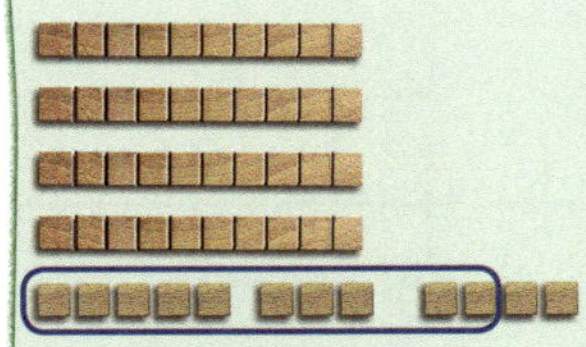

48 + 4 = ____

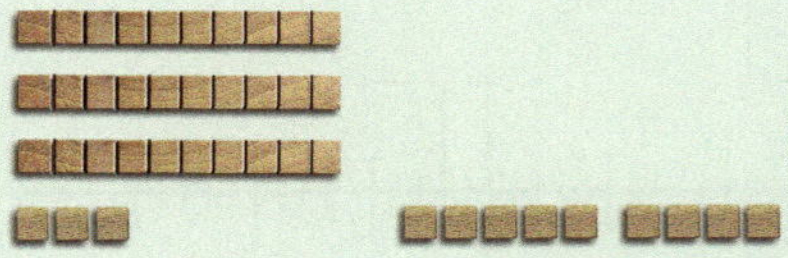

33 + 9 = ____

55 + 8 = ____

② Lege die Aufgabe mit Material oder im Kopf. Rechne.

a) 37 + 5 = ____
46 + 5 = ____

b) 36 + 8 = ____
48 + 8 = ____

c) 56 + 7 = ____
38 + 7 = ____

d) 89 + 6 = ____
28 + 6 = ____

e) 75 + 9 = ____
83 + 9 = ____

f) 89 + 4 = ____
37 + 4 = ____

g) 68 + 3 = ____
59 + 3 = ____

h) 42 + 9 = ____
73 + 9 = ____

③ Kreise ein und rechne.

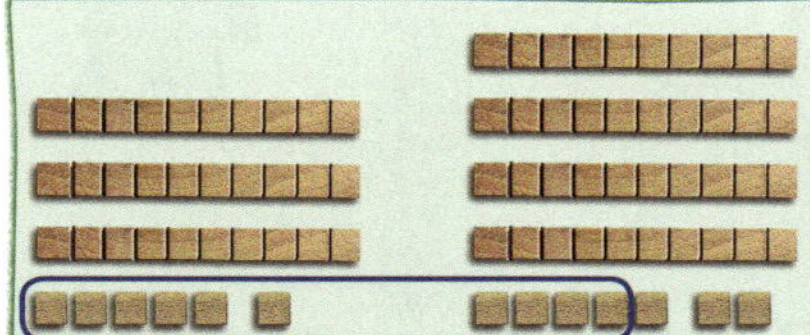

36 + 47 = ____

55 + 27 = ____

49 + 34 = ____

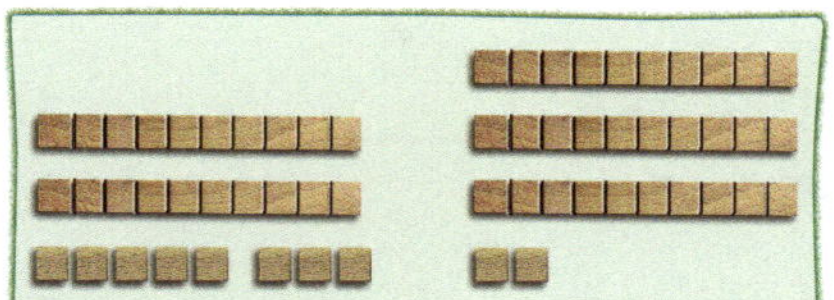

28 + 32 = ____

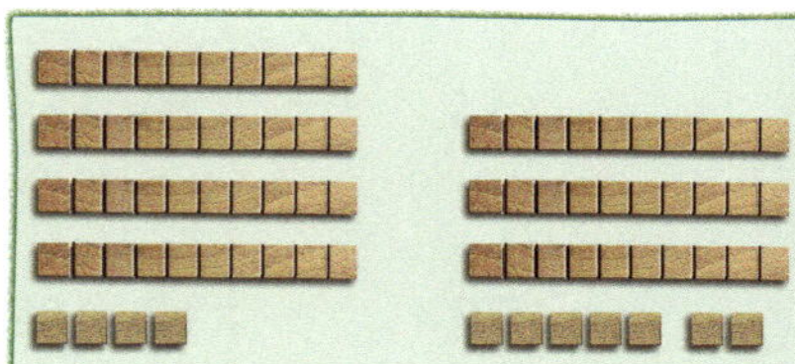

44 + 37 = ____

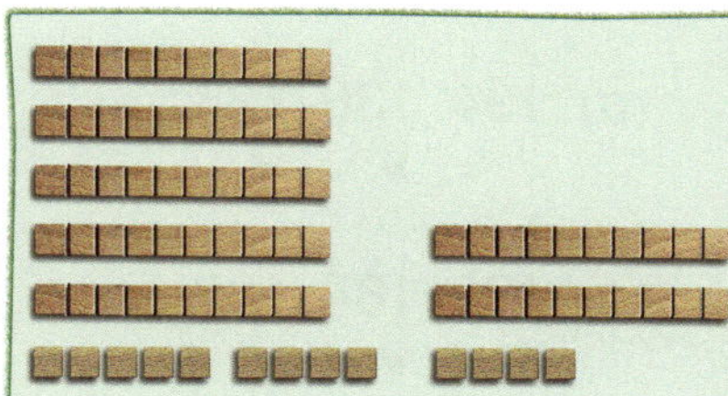

59 + 24 = ____

④ Lege die Aufgaben mit Material oder im Kopf. Rechne.

a) 38 + 44 = ____
26 + 65 = ____

b) 18 + 36 = ____
26 + 19 = ____

c) 46 + 17 = ____
67 + 25 = ____

d) 39 + 53 = ____
65 + 16 = ____

SB S. 11

① Streiche weg und rechne.

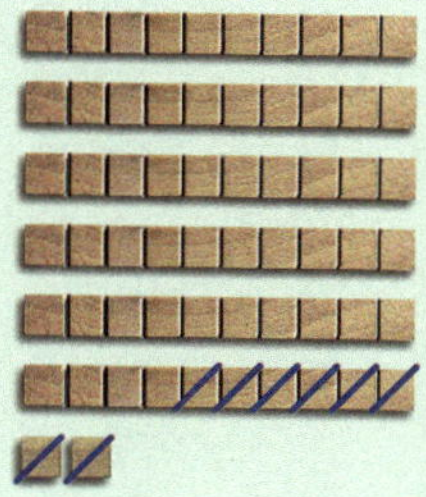

62 – 8 = ____

43 – 6 = ____

36 – 7 = ____

② Lege die Aufgabe mit Material oder im Kopf. Rechne.

a) 74 – 5 = ____
32 – 5 = ____

b) 66 – 8 = ____
94 – 8 = ____

c) 81 – 3 = ____
72 – 3 = ____

d) 28 – 9 = ____
45 – 9 = ____

e) 65 – 7 = ____
33 – 7 = ____

f) 23 – 4 = ____
81 – 4 = ____

g) 54 – 6 = ____
92 – 6 = ____

h) 81 – 8 = ____
43 – 8 = ____

③ Streiche weg und rechne.

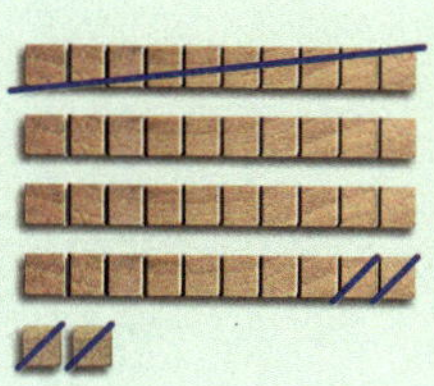

42 – 14 = ____

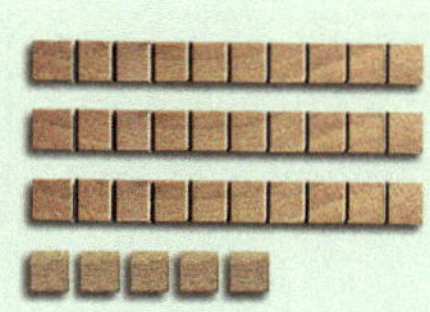

35 – 26 = ____

44 – 26 = ____

53 – 24 = ____

41 – 33 = ____

46 – 28 = ____

④ Lege die Aufgabe mit Material oder im Kopf. Rechne.

a) 62 – 14 = ____
81 – 43 = ____

b) 74 – 48 = ____
56 – 19 = ____

c) 83 – 68 = ____
76 – 68 = ____

d) 94 – 56 = ____
98 – 29 = ____

Verschiedene Rechenwege +

SB S. 12

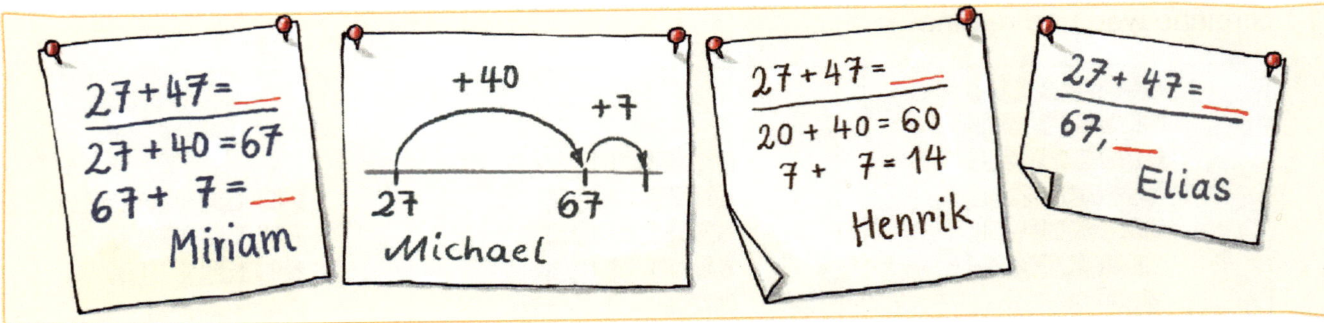

1 Rechne auf deinem Weg. Vergleicht eure Rechenwege.

27 + 47 = ____

66 + 25 = ____

13 + 68 = ____

51 + 49 = ____

65 + 17 = ____

36 + 48 = ____

46 + 18 = ____

24 + 35 = ____

58 + 15 = ____

64 + 28 = ____

35 + 47 = ____

43 + 28 = ____

39 + 42 = ____

48 + 23 = ____

72 + 16 = ____

59 + 23 = ____

35 + 45 = ____

24 + 56 = ____

Verschiedene Rechenwege ⊖

SB S. 13

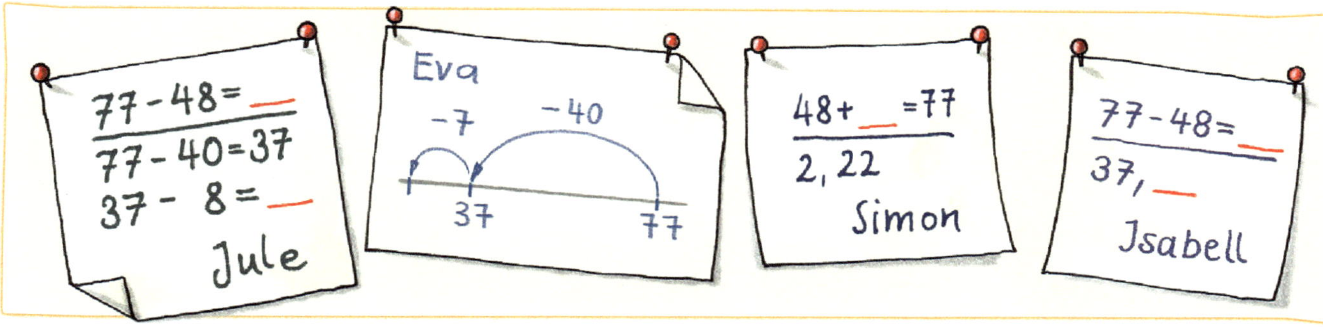

① Rechne auf deinem Weg. Vergleicht eure Rechenwege.

77 – 48 = ____

64 – 25 = ____

93 – 67 = ____

61 – 48 = ____

65 – 17 = ____

86 – 47 = ____

98 – 21 = ____

73 – 16 = ____

42 – 28 = ____

42 – 39 = ____

78 – 34 = ____

54 – 29 = ____

62 – 46 = ____

80 – 16 = ____

98 – 65 = ____

26 – 24 = ____

72 – 69 = ____

100 – 78 = ____

SB S. 15

① Ergänze die Rechendreiecke.

	Feld links	Dreieck oben	Feld rechts	Dreieck unten links	Dreieck unten rechts	Feld unten
a)		18		15	12	27
		33		60	32	
		12		23	58	
b)		20		24	57	
		17		50	19	
		55		45	18	
c)	33			15	14	
	99	80	97			
		35		22		40
d)	40				23	51
		40			27	80
	94	48			47	

Zeichne dein schönstes Rechendreieck in dein 📖. Wie kann dein Partner dein Rechendreieck lösen? Erkläre.

★ ② Knobeldreiecke

Feld links	Feld rechts	Feld unten
70	60	50
74	64	54

Wie bist du vorgegangen? Tausche dich mit deinem Partner aus.

Wie Kinder ihre Freizeit verbringen ①

SB S. 16/17

① Was lesen Kinder gerne?
Die Kinder der Klassen 3a und 3b führten eine Umfrage durch.
Jeder durfte zwei Lieblingsbücher nennen.

	Abenteuerbücher	Comics	Tierbücher	Zaubergeschichten	Sachbücher	Märchen
Klasse 3a	10	6	17	10	7	10
Klasse 3b	13	12	8	7	11	3

a) Zeichne ein Diagramm zu den Umfrageergebnissen.

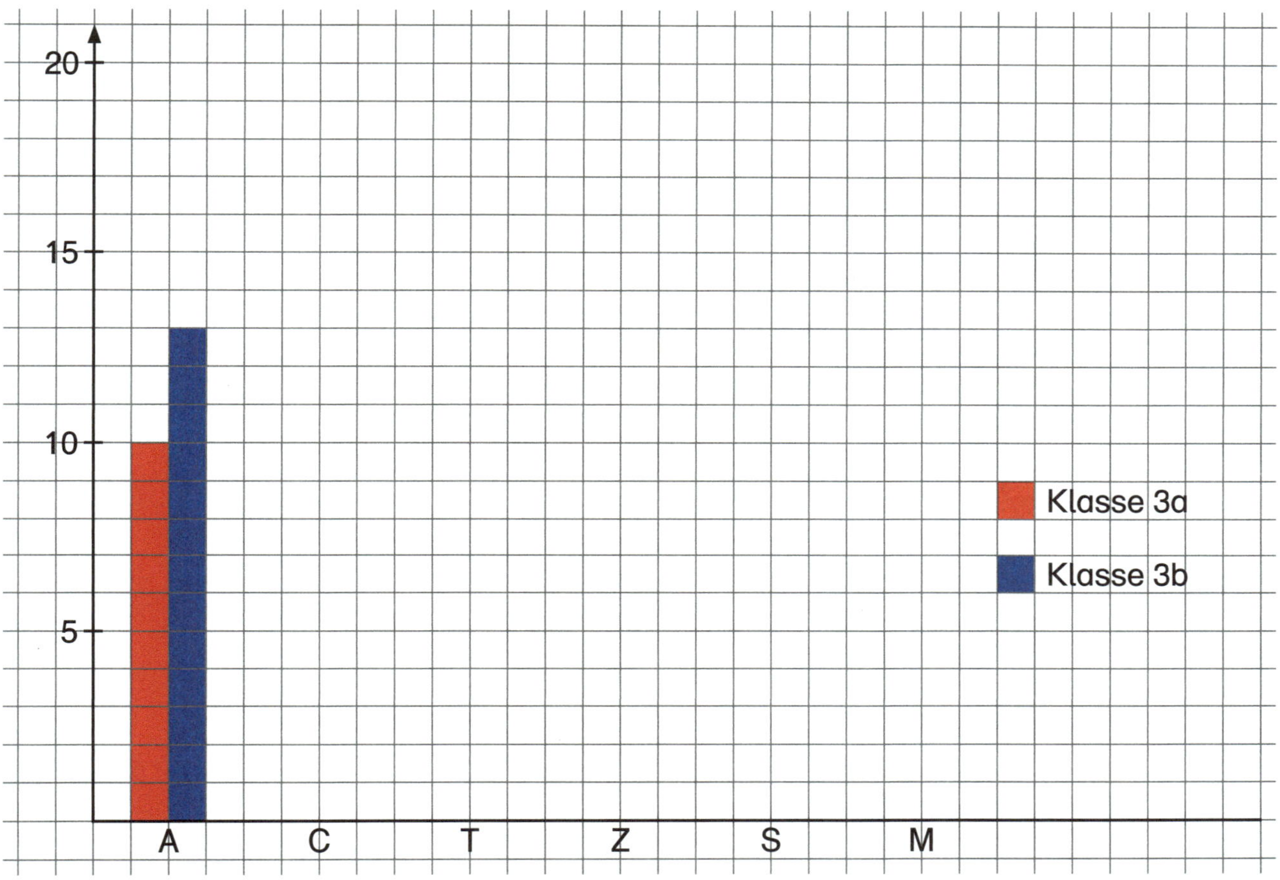

b) Welche Aussagen stimmen? Kreuze sie an ☒.

- ☐ In der Klasse 3a sind Tierbücher am beliebtesten.
- ☐ In der Klasse 3b sind Abenteuerbücher, Comics und Sachbücher beliebter als in der Klasse 3a.
- ☐ Märchen wurden von der Klasse 3b am wenigsten genannt.
- ☐ Die Klasse 3b liest am liebsten Sachbücher.
- ☐ Dreimal so viele Kinder der 3a wie der 3b lesen gerne Sachbücher.
- ☐ Sowohl die Klasse 3a als auch die Klasse 3b liest gerne Abenteuerbücher.
- ☐ Die meisten Kinder haben Tierbücher genannt.
- ☐ Die Klasse 3a hat Sachbücher am wenigsten genannt.

② Was lesen die Kinder deiner Klasse am liebsten? Erstellt ein Diagramm.

① Paul und Anna haben eine Woche lang notiert, wie viel Zeit sie am Computer verbracht haben. Sie haben ein Diagramm erstellt.

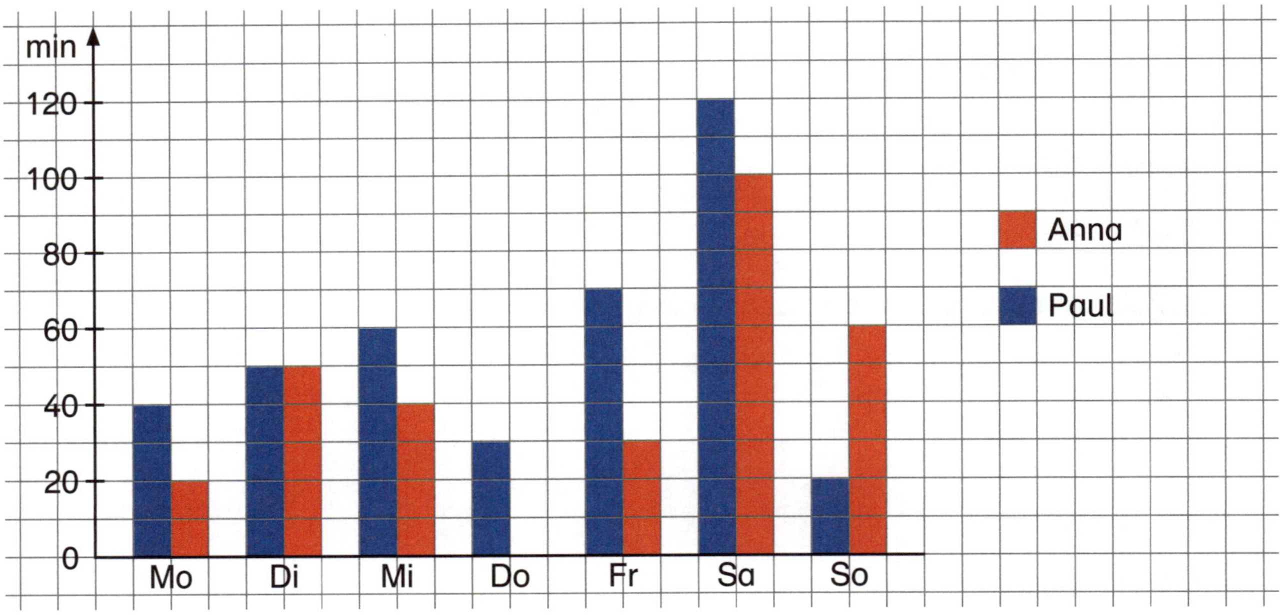

a) Übertrage die Angaben aus dem Diagramm in die Tabelle.

	Mo	Di	Mi	Do	Fr	Sa	So
Anna	____ min						
Paul	____ min						

b) Welche Aussagen stimmen. Kreuze sie an ☒.

- ☐ Paul verbrachte mehr Zeit am Computer als Anna.
- ☐ Am Donnerstag nutzte Paul den Computer nicht.
- ☐ Am Dienstag verbrachte Anna 20 Minuten am Computer.
- ☐ Am Dienstag verbrachten Anna und Paul gleich viel Zeit am Computer.
- ☐ Am Samstag verbrachte Paul die meiste Zeit am Computer.
- ☐ Anna nutzte den Computer in dieser Woche genau 5 Stunden.

c) Ergänze den Text. dreimal so lang | gleich lang | halb so lang

Am Montag nutzte Anna den Computer ____________________ wie Paul.

Am Sonntag nutzte Anna den Computer ____________________ wie Paul.

Am Dienstag nutzten Anna und Paul den Computer ____________________.

② a) Wie viel Zeit verbringst du und dein Partner jeden Tag vor dem Fernseher? Schreibt eine Tabelle und erstellt dann ein Diagramm.
b) Unterhalte dich mit deinem Partner darüber, ob die Zeit vor dem Computer sinnvoll genutzte Zeit ist.

In einer alten Ritterburg

(1) Simsala und Bim besichtigen Burg Schreckenstein.
Sie fotografieren sie von vorn, von hinten, von rechts und von links.

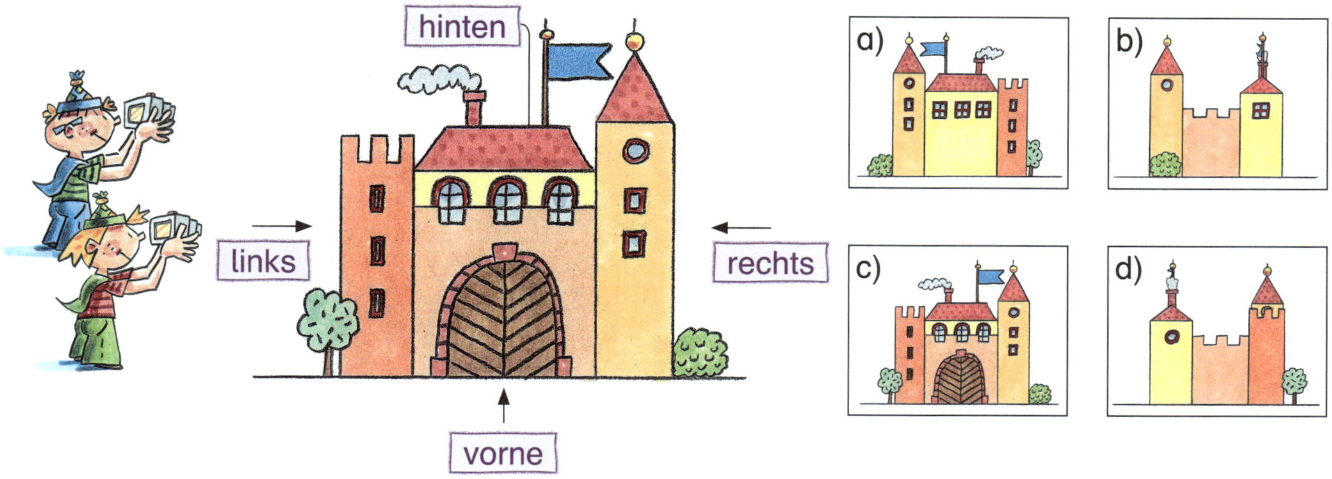

Von wo aus wurden die Bilder gemacht?

a) von ____________ b) von ____________ c) von ____________ d) von ____________

Zeichne deine Ritterburg von vorne und von hinten in dein .

(2) Auf der Burg gibt es auch ein Labyrinth. Darin sind wertvolle Schätze versteckt.

a) Zeichne Simsalas Weg rot ein.

> Ich gehe geradeaus ins Labyrinth, an der ersten Kreuzung biege ich rechts ab. Ich gehe geradeaus, dann links, dann wieder geradeaus. Nun biege ich rechts ab, gehe durch einen schmalen Durchgang und biege bei der zweiten Möglichkeit nach rechts ab. Ich sehe ______________________________!

b) Zeichne Bims Weg blau ein.

> Ich gehe geradeaus, dann rechts, dann wieder geradeaus. Wenn es nicht mehr weitergeht, gehe ich links, geradeaus und dann rechts durch einen schmalen Durchgang. Nun biege ich links ab, gleich wieder links und komme wieder zu einem schmalen Durchgang. Ich biege dahinter rechts ab, gehe ein Stück geradeaus und nehme die zweite Abbiegung nach links. Nach einem kurzen Stück gehe ich rechts, dann gleich wieder links und finde ______________________________!

Ritterburg und Schlossgespenst

SB S. 20/21

(1) Angebot der Woche: Schatzkiste, Drache, Gespenst, 2 Pferde und 8 Ritter im Paket 13 € günstiger. Wie viel musst du bezahlen?

A: ______________________________

(2) Du wünschst dir für deine Burg noch 12 Ritter und 6 Pferde. Was kostet alles zusammen? Reichen dir 50 €?

A: ______________________________

(3) Greta gibt genau 30 € für Zubehör aus. Was könnte sie sich gekauft haben? Finde verschiedene Möglichkeiten.

Finde eine weitere Aufgabe. Schreibe sie in dein 📖.

SB S. 22/23

1 Zwischen welchen Zehnern liegen die Zahlen?

☐ 68 ☐	☐ 39 ☐	☐ 88 ☐	☐ 52 ☐
☐ 24 ☐	☐ 41 ☐	☐ 78 ☐	☐ 95 ☐

2 Trage in die Stellenwerttafel ein.

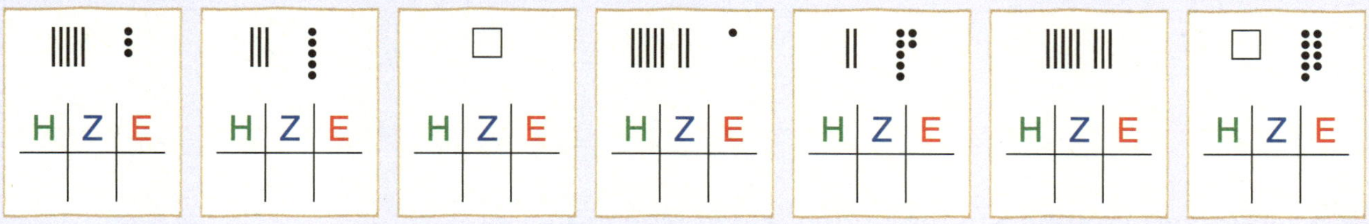

3 Welche Stelle ändert sich? Markiere bei der ersten Zahl und rechne.

a)

45 + 2 = ____	63 + 30 = ____	56 – 5 = ____	78 – 70 = ____
45 + 30 = ____	63 + 5 = ____	56 – 40 = ____	78 – 6 = ____

b)

66 + 20 = ____	24 – 3 = ____	39 + 40 = ____	83 + 5 = ____
93 – 40 = ____	42 + 5 = ____	28 – 5 = ____	41 – 30 = ____

4 Lege im Kopf. Rechne.

27 + 4 = ____

43 – 5 = ____

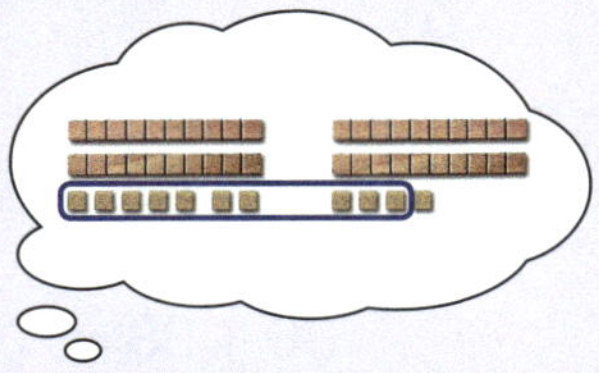

27 + 24 = ____

43 – 25 = ____

a)	b)	c)	d)
38 + 5 = ____	44 – 5 = ____	38 + 25 = ____	44 – 25 = ____
45 + 7 = ____	85 – 7 = ____	45 + 37 = ____	85 – 37 = ____
75 + 8 = ____	65 – 8 = ____	75 + 18 = ____	65 – 28 = ____
26 + 5 = ____	23 – 5 = ____	26 + 35 = ____	23 – 15 = ____
48 + 7 = ____	86 – 7 = ____	48 + 37 = ____	86 – 27 = ____
36 + 8 = ____	57 – 8 = ____	36 + 48 = ____	57 – 28 = ____

Bist du fit? ①

SB S. 22/23

1 Schreibe die Nachbarzahlen auf.

___	28	___
___	86	___
___	41	___
___	69	___
___	128	___
___	186	___
___	141	___
___	169	___

2 Schreibe die passenden Zahlen auf.

H	Z	E
	••••	•

___

H	Z	E
•	•••	•••••

___

H	Z	E
•		••

___

H	Z	E
•	••	

___

H	Z	E
	••••••	

___

H	Z	E
•		••••••

___

3 Überlege: Welche Stellen ändern sich? Rechne.

a)
36 + 3 = ___
36 + 30 = ___
36 + 33 = ___

b)
22 + 6 = ___
22 + 60 = ___
22 + 66 = ___

c)
43 + 5 = ___
43 + 50 = ___
43 + 55 = ___

d)
69 – 5 = ___
69 – 50 = ___
69 – 55 = ___

e)
85 – 4 = ___
85 – 40 = ___
85 – 44 = ___

f)
78 – 6 = ___
78 – 60 = ___
78 – 66 = ___

4 Rechne.

a)
27 + 5 = ___
66 + 4 = ___
36 + 8 = ___
51 + 9 = ___

b)
27 + 37 = ___
66 + 25 = ___
36 + 38 = ___
51 + 28 = ___

c)
77 – 5 = ___
64 – 5 = ___
93 – 7 = ___
61 – 8 = ___

d)
77 – 28 = ___
64 – 35 = ___
93 – 67 = ___
61 – 28 = ___

5 Finde die nächsten beiden Aufgaben. Rechne.

a)
34 + 18 = ___
36 + 16 = ___
38 + 14 = ___
___
___

b)
43 + 47 = ___
53 + 37 = ___
63 + 27 = ___
___
___

c)
93 – 46 = ___
94 – 36 = ___
95 – 26 = ___
___
___

d)
47 – 38 = ___
48 – 37 = ___
49 – 36 = ___
___
___

Viele Möglichkeiten

1 Stefan liest die Speisekarte. Er überlegt: Wie viele verschiedene Kombinationen für eine Vorspeise, ein Hauptgericht und eine Nachspeise gibt es?

a) Zeichne den Plan fertig. Verwende die Buchstaben.

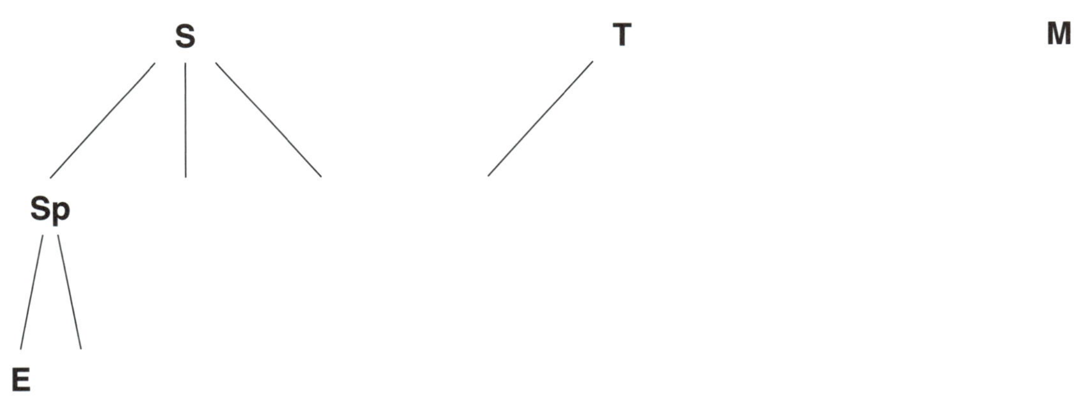

Es sind _____ Kombinationen.

b) So könnte der Plan auch aussehen: Ergänze die fehlenden Buchstaben.

S Sp E	S Sp O	S P E	S P O	S Sch E	S Sch O
T Sp	T Sp	T	T	T	T
M	M	M	M	M	M

Einmaleins üben ①

SB S. 26/27

① Kernaufgabentraining: Rechne.

4 · 2 = ___	8 · 10 = ___	2 · 5 = ___	7 · 2 = ___	7 · 5 = ___
5 · 2 = ___	9 · 10 = ___	3 · 5 = ___	8 · 2 = ___	8 · 5 = ___
6 · 2 = ___	10 · 10 = ___	4 · 5 = ___	9 · 2 = ___	9 · 5 = ___

8 · 8 = ___

5 · 5 = ___

2 · 2 = ___

9 · 9 = ___

6 · 6 = ___

10 · 10 = ___

3 · 3 = ___

7 · 7 = ___

4 · 4 = ___

Zeichne und schreibe die Quadrataufgaben in dein 📖.

② Ergebnisse von Kernaufgaben: Finde passende Malaufgaben.

8: 1 · 8, ___, ___, ___

16: ___, ___, ___

40: ___, ___, ___, ___

③ „Weiße“ Aufgaben mithilfe der Kernaufgaben lösen

a) Nachbaraufgaben

5 · 4 = ___	5 · 7 = ___	5 · 3 = ___	5 · 9 = ___	5 · 8 = ___
6 · 4 = ___	6 · 7 = ___	6 · 3 = ___	6 · 9 = ___	6 · 8 = ___
2 · 4 = ___	6 · 6 = ___	2 · 9 = ___	7 · 7 = ___	8 · 8 = ___
3 · 4 = ___	7 · 6 = ___	3 · 9 = ___	8 · 7 = ___	9 · 8 = ___

b) Verdoppeln und halbieren

2 · 7 = ___	2 · 8 = ___	6 · 6 = ___	6 · 5 = ___	2 · 6 = ___
4 · 7 = ___	4 · 8 = ___	3 · 6 = ___	3 · 5 = ___	4 · 6 = ___

c) Kernaufgaben zusammenbauen

6 · 6 = ___	5 · 8 = ___	5 · 4 = ___	___	___
1 · 6 = ___	2 · 8 = ___	___	___	___
7 · 6 = ___	7 · 8 = ___	9 · 4 = ___	7 · 3 = ___	6 · 9 = ___

SB S. 26/27

① Aufgabenreihen aus der Einmaleinstabelle

a)

4 · 6 = ____ 3 · 4 = ____
5 · 6 = ____ 4 · 4 = ____
6 · 6 = ____ 5 · 4 = ____

4 · 8 = ____ 2 · 3 = ____
5 · 8 = ____ 3 · 3 = ____
6 · 8 = ____ 4 · 3 = ____

b)

4 · 3 = ____ 6 · 6 = ____
5 · 3 = ____ 7 · 6 = ____
6 · 3 = ____ 8 · 6 = ____

7 · 7 = ____ 8 · 8 = ____
8 · 7 = ____ 9 · 8 = ____
9 · 7 = ____ 10 · 8 = ____

② „Weiße“ Aufgaben lösen

9 ·	3 ·	6 ·	7 ·	8 ·	4 ·
9 · 4 = ____	3 · 4 = ____	6 · 4 = ____	7 · 3 = ____	8 · 9 = ____	4 · 3 = ____
9 · 6 = ____	3 · 9 = ____	6 · 7 = ____	7 · 6 = ____	8 · 3 = ____	4 · 6 = ____
9 · 3 = ____	3 · 7 = ____	6 · 3 = ____	7 · 8 = ____	8 · 6 = ____	4 · 8 = ____
9 · 8 = ____	3 · 6 = ____	6 · 9 = ____	7 · 9 = ____	8 · 4 = ____	4 · 9 = ____

③ a)

·	2	4	8
1			
2			
3			
4			
5			
6			
7			
8			
9			
10			

b)

·	3	6	9
1			
2			
3			
4			
5			
6			
7			
8			
9			
10			

c)

·	5	10
1		
2		
3		
4		
5		
6		
7		
8		
9		
10		

d)

·	7
1	
2	
3	
4	
5	
6	
7	
8	
9	
10	

SB S. 26/27

① Rechne. Setze die Reihen fort.

a)	b)	c)	d)
2 · 7 = ___	5 · 8 = ___	6 · 6 = ___	5 · 9 = ___
3 · 7 = ___	6 · 8 = ___	7 · 6 = ___	6 · 9 = ___
4 · 7 = ___	7 · 8 = ___	8 · 6 = ___	7 · 9 = ___
5 · 7 = ___	8 · 8 = ___	___	8 · 9 = ___
6 · 7 = ___	9 · 8 = ___	___	9 · 9 = ___
___	___		___
___			

Schreibe Aufgabenreihen in dein .

② Welcher Ball gehört in welchen Korb? Verbinde.

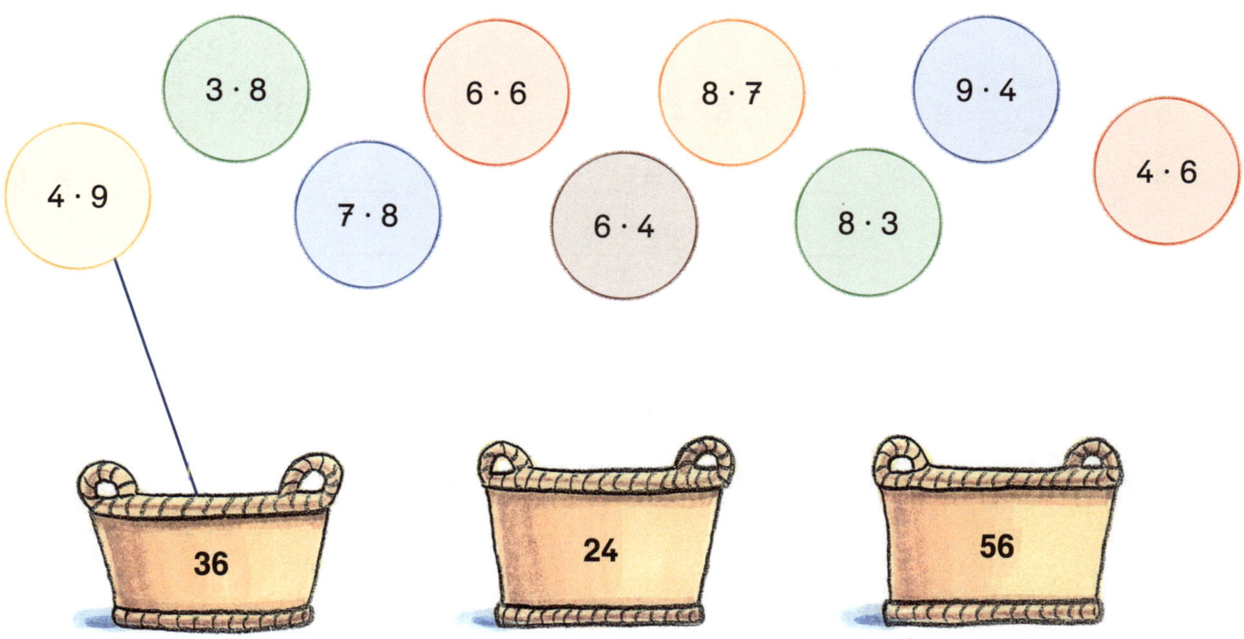

③ Diese Aufgaben musst du gut können. Rechne.

a)	b)	c)	d)
6 · 7 = ___	9 · 8 = ___	3 · 6 = ___	8 · 9 = ___
7 · 8 = ___	6 · 4 = ___	7 · 9 = ___	3 · 9 = ___
9 · 6 = ___	4 · 8 = ___	8 · 3 = ___	7 · 4 = ___

e)	f)	g)	g)
5 · 7 = ___	8 · 7 = ___	4 · 6 = ___	3 · 8 = ___
6 · 9 = ___	9 · 7 = ___	7 · 6 = ___	9 · 3 = ___
8 · 4 = ___	3 · 7 = ___	6 · 3 = ___	7 · 8 = ___

Einmaleins-Verwandtschaften

SB S. 28/29

① Trage die fehlenden Zahlen ein.

8	10	12	18	24
___ · 8	___ · 5	___ · 2	___ · 9	___ · 2
___ · 4	___ · 10	___ · 4	___ · 2	___ · 4
___ · 2	___ · 2	___ · 3	___ · 6	___ · 8
___ · 1	___ · 1	___ · 6	___ · 3	___ · 3
				___ · 6
				___ · 12

16	9	40	30	32
___ · 2	___ · 3	___ · 10	___ · 6	___ · 8
___ · 4	___ · 9	___ · 5	___ · 3	___ · 4
___ · 8	___ · 1	___ · 4	___ · 5	
		___ · 8	___ · 10	

② Vielfache finden

a) Umfahre: Vielfache von 2 rot,
Vielfache von 4 blau.

6 14 8 2 18 12 10 4 16 20

Was fällt dir auf? Erkläre.

____

____

b) Umfahre: Vielfache von 4 rot,
Vielfache von 8 blau.

36 8 28 16 32 4 24 12 20 40

Was fällt dir auf? Erkläre.

____

____

c) Umfahre: Vielfache von 3 rot,
Vielfache von 6 blau,
Vielfache von 9 grün.

12 21 30 9 3 15 27 6 18 24

① Ein Punktefeld – vier Aufgaben

a) 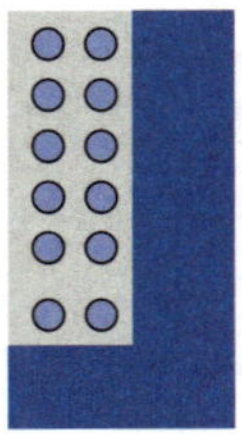 b) 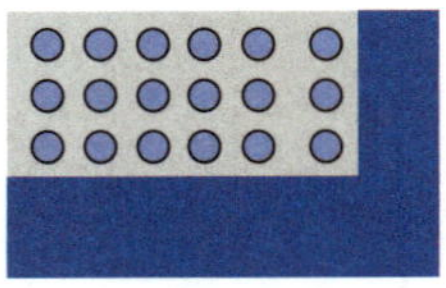 c) 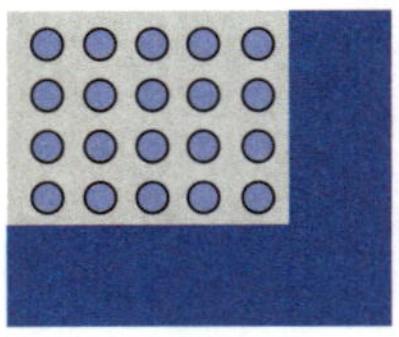 d) 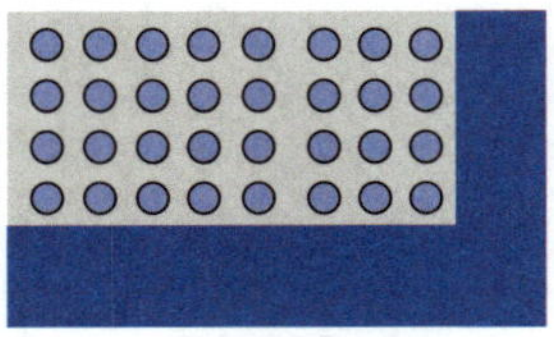

a)	b)	c)	d)
6 · 2 = ____	____	____	____
2 · 6 = ____	____	____	____
12 : 2 = ____	____	____	____
12 : 6 = ____	____	____	____

② Verbinde die passenden Mal- und Geteiltaufgaben. Rechne.

a)

63 : 7 = ____	6 · 9 = ____
42 : 7 = ____	4 · 9 = ____
54 : 9 = ____	9 · 7 = ____
36 : 9 = ____	6 · 7 = ____

b)

28 : 4 = ____	9 · 4 = ____
36 : 4 = ____	8 · 6 = ____
42 : 6 = ____	7 · 4 = ____
48 : 6 = ____	7 · 6 = ____

③ Dividiere. Die Malaufgabe hilft.

a)

21 : 7 = ____	____ · 7 = 21
56 : 7 = ____	____ · 7 = 56
72 : 9 = ____	____
48 : 8 = ____	____
42 : 6 = ____	____

b)

63 : 9 = ____	____ · 9 = 63
36 : 6 = ____	____ · 6 = 36
27 : 9 = ____	____
28 : 7 = ____	____
56 : 8 = ____	____

④ Finde die restlichen 5 Fehler.

a)

28 : 7 = 4	✓
42 : 7 = ~~8~~	6
21 : 7 = 3	____
56 : 7 = 8	____
63 : 7 = 7	____

b)

24 : 8 = 3	____
48 : 8 = 4	____
56 : 8 = 7	____
48 : 8 = 6	____
72 : 8 = 8	____

c)

54 : 9 = 5	____
63 : 9 = 7	____
72 : 9 = 8	____
81 : 9 = 9	____
27 : 9 = 4	____

① Drei Zahlen – vier Aufgaben

[3] [7] [21]

3 · ____ = ____
7 · ____ = ____
21 : ____ = ____
21 : ____ = ____

[9] [72] [8]

____ · ____ = ____
____ · ____ = ____
____ : ____ = ____
____ : ____ = ____

[7] [56] [ ]

____ · ____ = ____
____ · ____ = ____
____ : ____ = ____
____ : ____ = ____

Finde 2 Möglichkeiten. Vergleiche mit deinem Partner.

[7] [6] [ ]

____ · ____ = ____
____ · ____ = ____
____ : ____ = ____
____ : ____ = ____

[30] [6] [ ]

____ · ____ = ____
____ · ____ = ____
____ : ____ = ____
____ : ____ = ____

[4] [8] [ ]

____ · ____ = ____
____ · ____ = ____
____ : ____ = ____
____ : ____ = ____

Wähle drei Zahlen. Schreibe dazu vier Aufgaben in dein 📖.

② Drei Zahlen – zwei Aufgaben

a) [7] [49] [ ]

____ · ____ = ____
____ : ____ = ____

b) [8] [64] [ ]

____ · ____ = ____
____ : ____ = ____

c) [9] [9] [ ]

____ · ____ = ____
____ : ____ = ____

★ ③ Suche drei Zahlen, die zusammengehören.

16	9	48	72	2	17	7	11	1	0	2	28	9
7	2	13	54	9	6	7	58	4	32	4	8	9
6	18	8	3	8	8	49	6	10	60	8	54	81

8 Schleifen fehlen noch.

★ ④ Durch welche Zahl wird geteilt? Finde jeweils zwei weitere Paare.

a) (:) →

81	9
27	3

b) (:) →

32	4
48	6

c) (:) →

28	4
35	5

d) (:) →

18	3
30	5

Multiplizieren ⊙ und Dividieren ⊙ gehören zusammen ③ SB S. 30/31

① Rechne. Schreibe jeweils die Malaufgabe, die Tauschaufgabe und eine Umkehraufgabe.

a) 6 · 7 = 42   6 · 8 = ____   9 · 6 = ____   7 · 8 = ____

7 · 6 = 42   8 · 6 = ____   ____   ____

42 : 6 = 7   ____   ____   ____

b) 4 · 7 = ____   9 · 7 = ____   8 · 9 = ____   3 · 8 = ____

____   ____   ____   ____

____   ____   ____   ____

② Immer zwei Aufgaben gehören zusammen. Verbinde.

4 · 7 = ____	4 · 6 = ____	56 : 8 = ____
24 : 4 = ____	8 · 7 = ____	48 : 6 = ____
28 : 7 = ____	7 · 6 = ____	6 · 8 = ____
6 · 9 = ____	54 : 6 = ____	42 : 7 = ____

③ Suche die passende Malaufgabe. Rechne.

a) 45 : 9 = ____   42 : 7 = ____   63 : 7 = ____   64 : 8 = ____

5 · 9 = ____   ____   ____   ____

b) 48 : 6 = ____   49 : 7 = ____   56 : 7 = ____   32 : 8 = ____

____   ____   ____   ____

c) 36 : 9 = ____   28 : 7 = ____   72 : 8 = ____   54 : 9 = ____

____   ____   ____   ____

Vergleicht eure Malaufgaben.

Beim Dividieren bleibt manchmal ein Rest

(1) 20 Kekse werden verteilt an:

- 1 Kind 20 : 1 = ____
- 2 Kinder 20 : 2 = ____
- 3 Kinder 20 : 3 = ____
- 4 Kinder 20 : __ = ____
- 5 Kinder 20 : __ = ____
- 6 Kinder 20 : __ = ____

(2) Welche Zahlen passen nicht? Streiche sie durch.

Teiler von 30: 1, 8, 4, 5, 3, 6, 10, 2

Teiler von 24: 2, 1, 3, 6, 8, 7, 4, 9

Teiler von 36: 1, 5, 4, 6, 2, 36, 8, 9

(3) a) Male jedes Zahlenkärtchen in der passenden Farbe an.

Wir dividieren durch 6

R 0	R 1	R 2	R 3	R 4	R 5

12, 27, 37, 47, 8, 25, 57, 59, 10, 54, 13, 39, 44, 34, 18, 50, 40, 23

b) Finde für die leeren Kärtchen passende Zahlen.

① Zauberlutscher: Male die Felder mit der richtigen Farbe aus.

7 mehr als 5 · 8	10 weniger als 7 · 8	15 mehr als 9 · 5	Das Doppelte von 4 · 5
2 weniger als 10 · 5	Die Hälfte von 8 · 8	1 mehr als 9 · 7	

② Welcher Zauberschuh gehört in welche Schachtel? Verbinde.

③ Zaubertücher: Ergänze.

24 = 4 · ___,
gleich kommt
die alte ___.

16 = 2 · ___,
heute spukt
es in der
___.

28 = 7 · ___,
aus jedem
Stein wird
gleich ein
___.

56 = 8 · ___,
heut' wird mit
dem Fuß
___
___.

geschrieben Tier Nacht Hex

④ Ergänze die fehlenden Zahlen.

⑤ Welche Malaufgaben kannst du besonders gut? Welche Malaufgaben musst du noch üben? Schreibe in dein 📖.

Preise mit Komma und Strich

SB S. 36/37

1 a) Schreibweisen und Sprechweisen: Verbinde sie richtig.

2,30 € | 20,30 € | 0,23 € | 23,– € | 20,03 € | 3,02 € | 2,03 €

b) Ordne die Preise der Größe nach. Beginne mit dem kleinsten Preis.

0,23 € ______ ______ ______ ______ ______ ______ ______

2 Wie viel Geld ist es? Trage den Betrag in die Tabelle ein und schreibe ihn mit Komma.

a) 

b) 

c) 

d) 

e) 

	Euro		Cent		
	Z	E	Z	E	
a)	2	5	5	2	25,52 €
b)					______
c)					______
d)					______
e)					______

3 Male gleiche Geldbeträge mit gleicher Farbe an.

522 ct	5,20 €	820 ct	3,23 €	8 € 2 ct	5,22 €
99 ct	9 € 91 ct	9,09 €	9 € 9 ct	9,91 €	0,99 €
502 ct	8,02 €	3 € 23 ct	8 € 20 ct	5 € 20 ct	5 € 2 ct

SB S. 38/39

Anika geht mit ihren Freunden Peter, Christine und Sarah über den Festplatz.
Sie lesen die verschiedenen Angebote:

Achterbahn
Kinder 2 €

1 x Werfen 50 ct
5 x Werfen 2 €
8 x Werfen 3 €

Autoscooter
1 x 2 €
3 x 5 €
8 x 10 €

Bratwurst 1,50 €
Portion Salat 1 €

(1) Lies diese Fragen genau und beantworte sie dann:

a) Wie viel kostet eine Achterbahnfahrt? ____________________

b) Wie viel kostet 5-mal Werfen? ____________________

c) Wie teuer ist eine Bratwurst? ____________________

d) Wie viele Freunde hat Anika dabei? ____________________

e) Wie viel kosten 8 Fahrten mit dem Autoscooter? ____________________

f) Was kostet 1 €? ____________________

g) Was kostet 5 €? ____________________

(2) Hier musst du rechnen. Finde die günstigsten Preise.

a) Was kostet eine Achterbahnfahrt für alle Kinder zusammen?

A: Sie kostet insgesamt _____ €.

b) Jeder möchte beim Autoscooter einmal selbst lenken.
Wie viel müssen sie bezahlen?

A: Sie müssen _____ € bezahlen.

c) Ergänze die Tabelle für die Wurfbude.

d) Wenn jeder 2-mal wirft,
wie viel müssen sie bezahlen?

A: Sie müssen _____ € bezahlen.

Wurfbude			
1 x Werfen	50 ct	5 x Werfen	_____
2 x Werfen	1 €	6 x Werfen	_____
3 x Werfen	_____	7 x Werfen	_____
4 x Werfen	_____	8 x Werfen	_____

(3) Peter und Christine kaufen sich je eine Bratwurst, die beiden anderen Mädchen essen je einen Salat. Anika bezahlt für alle mit einem 10-€-Schein.
Wie viel Geld bekommt sie zurück?

A: Sie bekommt ____________________ zurück.

Glücksräder erforschen

SB S. 40/41

① Male die Glücksräder aus.

hohe Gewinnchance gelb	unmöglich blau	sicher rot	kaum Gewinnchance grün

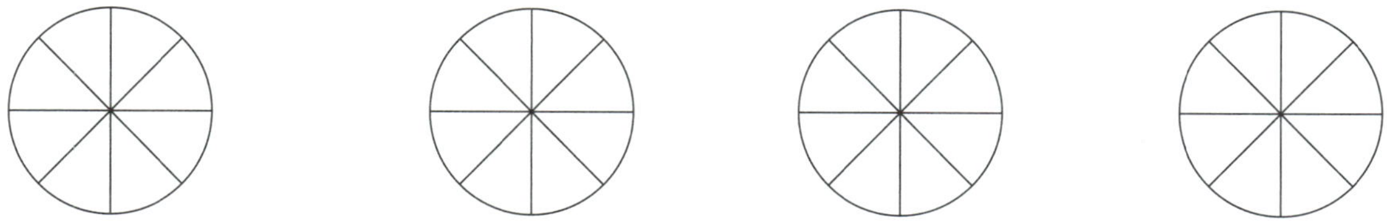

② Bei welchen Glücksrädern haben beide Spieler gleiche Gewinnchancen? Kreuze sie an ☒.

a) Spieler 1: rot

Spieler 2: blau

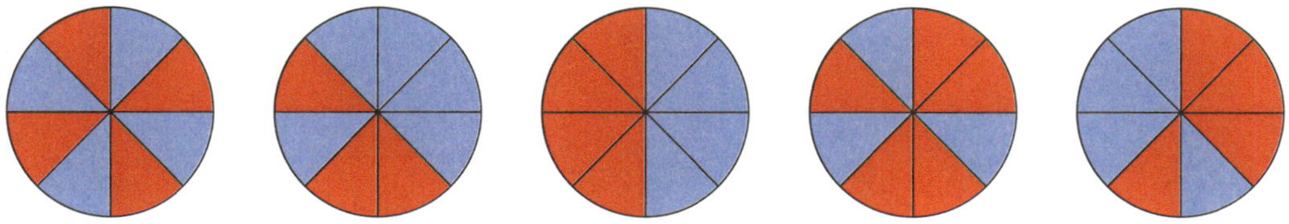

☐ ☐ ☐ ☐ ☐

b) Spieler 1: ungerade Zahl

Spieler 2: Zahl durch 3 teilbar

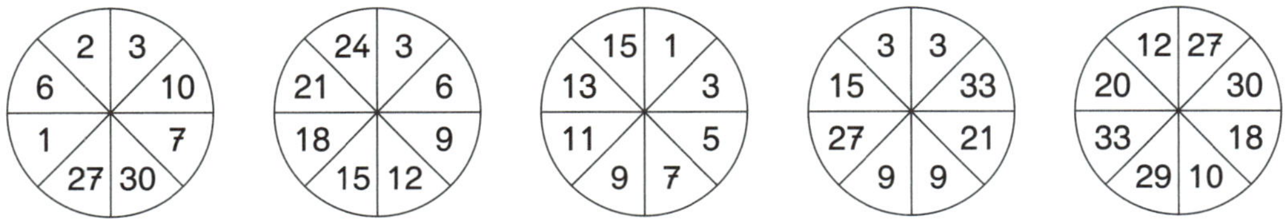

☐ ☐ ☐ ☐ ☐

c) Vergleiche mit deinem Partner und begründe.

③ Kreuze richtige Aussagen an ☒.

a)

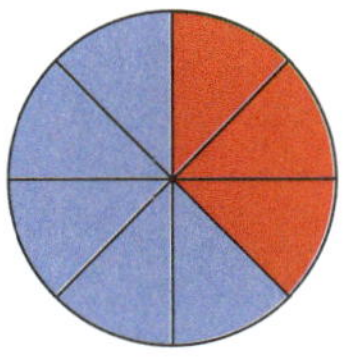

☐ Es kommt sicher rot.

☐ Gelb zu bekommen ist unmöglich.

☐ Blau ist wahrscheinlicher als rot.

b)

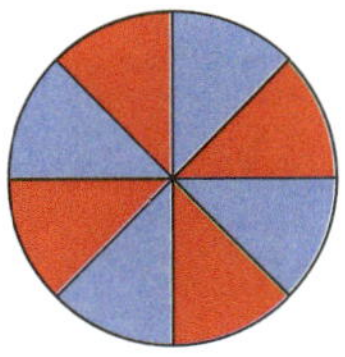

☐ Blau ist wahrscheinlicher als rot.

☐ Rot zu bekommen ist möglich.

☐ Rot ist unwahrscheinlicher als blau.

SB S. 42/43

(1) Trage die Zahlen ein oder zeichne sie.

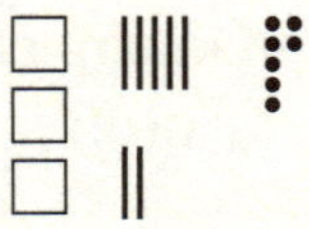

H	Z	E

H	Z	E

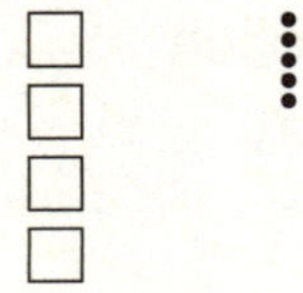

H	Z	E

H	Z	E
5	3	0

H	Z	E
	8	6

(2) Welche Karten gehören zusammen? Umfahre sie mit der richtigen Farbe. Ergänze.

zweihundert-vierund-neunzig	vierhundert-neunund-zwanzig	neunhundert-vierund-zwanzig	zweihundert-vierund-vierzig	vierhundert-vierund-neunzig
H Z E: 9 2 4	H Z E:	H Z E: 4 9 4	H Z E: 2 9 4	H Z E: 4 2 9
4 9 4	2 9 4		4 2 9	2 4 4
	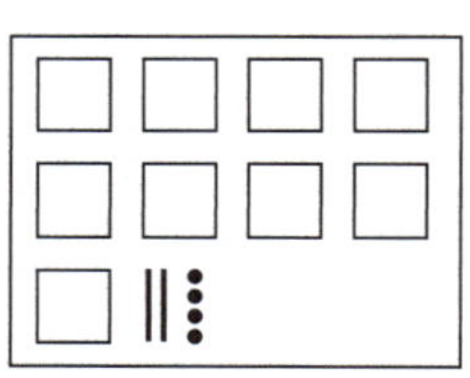	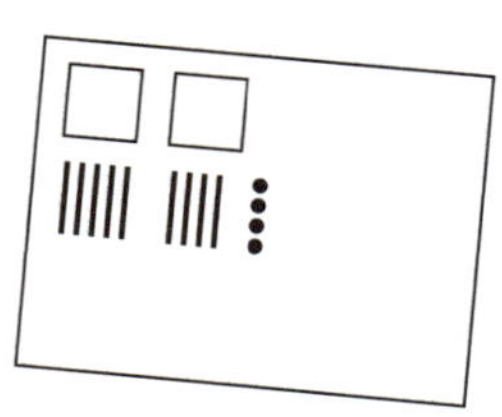	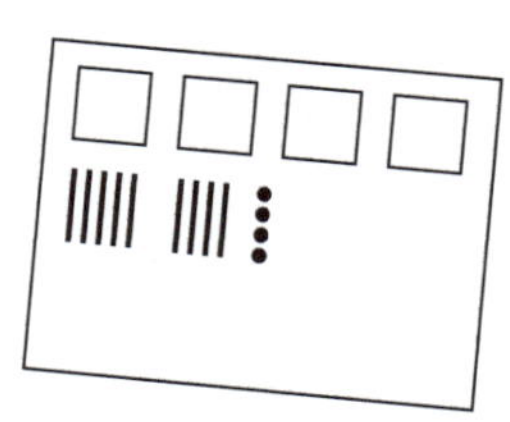	
400 + 20 + 9			900 + 20 + 4	200 + 40 + 4

(3) Zerlege die Zahlen in Hunderter, Zehner und Einer und schreibe auf.

567 = 500 + 60 + 7
248 = ____ + ____ + __
956 = ____ + ____ + __
772 = ____ + ____ + __

824 = ____ + ____ + __
136 = ____________
352 = ____________
202 = ____________

420 = ____________
643 = ____________
1234 = ____________
1010 = ____________

1000 – eine überschaubare Zahl

SB S. 44/45

① Trage die Zahlen in die Stellenwerttafel ein.

a)

	T	H	Z	E
vierhundertneunzig				
sechshundertzwanzig				
neunhundertsechzig				
dreihundertvierzig				
einhundertachtzig				
eintausendzehn				

b)

	T	H	Z	E
zweihundertneunzehn				
fünfhundertachtundzwanzig				
siebenhundertvierundsechzig				
neunhundertdreiundvierzig				
achthundertfünfunddreißig				
eintausendzweihundert				

② Rechne.

a)
100 + 200 = ____
200 + 300 = ____
300 + 400 = ____
400 + 500 = ____
300 + 500 = ____

b)
800 + ____ = 1000
300 + ____ = 1000
900 + ____ = 1000
500 + ____ = 1000
400 + ____ = 1000

c)
100 + ____ = 1000
600 + ____ = 1000
200 + ____ = 1000
700 + ____ = 1000
1000 + ____ = 1000

d)
1000 – 600 = ____
1000 – 900 = ____
1000 – 700 = ____
1000 – 800 = ____
1000 – 1000 = ____

e)
1000 – ____ = 500
1000 – ____ = 900
1000 – ____ = 400
1000 – ____ = 700
1000 – ____ = 800

f)
1000 – ____ = 1000
1000 – ____ = 100
1000 – ____ = 600
1000 – ____ = 200
1000 – ____ = 300

③ Aufgaben mit dem Ergebnis 1000: Schreibe in dein 📖.

④ Zahlenrätsel

a) Die Zahl ist das Doppelte von 200. ____

b) Die Zahl ist die Hälfte von 600. ____

c) Die Zahl ist um 100 kleiner als 1000. ____

d) Die Zahl ist um 200 größer als 500. ____

e) Die Zahl ist um 100 kleiner als 400. ____

f) Die Zahl ist das Doppelte von 500. ____

1 Zeichne und schreibe die Zahlen.

a)

H	Z	E	Zahl
●●	●●●●	●	
●●●●●●●●●	●	●●●	
●●●●		●●●●●	
			153
			513
			351

b)

	H	Z	E	Zahl
1 H 4 E	●		●●●●	104
9 H 5 E				
7 E 6 Z 3 H				
3 Z 3 H				
5 H 8 E				
3 H 7 Z 4 E				

2 a) Simsala hat diese Zahl gelegt.

H	Z	E
●●●	●●	●●●●

324

Zeichne ein Plättchen jeweils an einer anderen Stelle dazu. Notiere die neuen Zahlen.

H	Z	E
●●●	●●	●●●●

H	Z	E
●●●	●●	●●●●

H	Z	E
●●●	●●	●●●●

b)

H	Z	E
●●●●●●	●●●	●●●●

634

H	Z	E
●●●●●●	●●●	●●●●

H	Z	E
●●●●●●	●●●	●●●●

H	Z	E
●●●●●●	●●●	●●●●

3 Verschiebe jeweils 1 Plättchen. Welche Zahlen können entstehen?

H	Z	E
●●●●	●●	●●●●●

425

335

H	Z	E
●●●●●	●●●●	●

541

SB S. 48/49

1000 – auf dem Zahlenstrahl

① Trage in den Zahlenstrahl ein: a) alle Hunderterzahlen, b) die Zahlen mit den Pfeilen.

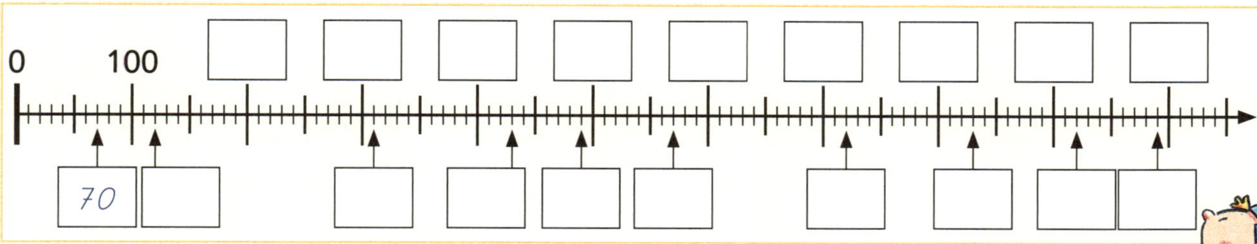

② Nachbarn gesucht

a) Nachbarhunderter: Male den Nachbarhunderter an, der näher liegt.

100	145	200		999			350	
	603			444			770	
	499			555			548	

b) Nachbarzehner: Male den Nachbarzehner an, der näher liegt.

370	376	380		666			692	
	423			502			300	
	719			285			990	

c)

321	322	323		999			491	
	102			100			333	
	690			650			765	

③ <, > oder =? Setze das richtige Zeichen ein.

796 ◯ 769
505 ◯ 550
610 ◯ 601
393 ◯ 393

189 ◯ 198
323 ◯ 232
472 ◯ 274
913 ◯ 931

654 ◯ 564
990 ◯ 990
204 ◯ 402
725 ◯ 752

★ ④ Zahlenrätsel

Die Zahl ist gerade, hat 3 gleiche Ziffern und ist größer als 700.

______

Die Zahl hat die Ziffern 8, 7, 2. Sie ist kleiner als 870 und ungerade.

______ oder ______

Die größte dreistellige gerade Zahl ist ______ .

Die kleinste dreistellige ungerade Zahl ist ______ .

1 Quadrataufgaben und Kernaufgaben

a)

8 · 8 = ___	3 · 3 = ___	9 · 9 = ___	6 · 6 = ___	10 · 10 = ___
5 · 5 = ___	7 · 7 = ___	4 · 4 = ___	0 · 0 = ___	2 · 2 = ___

b)

2 · 7 = ___	5 · 9 = ___	10 · 7 = ___	1 · 4 = ___
2 · 6 = ___	5 · 8 = ___	10 · 6 = ___	1 · 7 = ___

2 Von Quadrataufgaben und Kernaufgaben zu Nachbaraufgaben

a)

8 · 8 = ___	7 · 7 = ___	9 · 9 = ___	3 · 3 = ___	6 · 6 = ___
7 · 8 = ___	6 · 7 = ___	8 · 9 = ___	4 · 3 = ___	7 · 6 = ___

b)

2 · 7 = ___	5 · 9 = ___	10 · 6 = ___	5 · 8 = ___	2 · 9 = ___
3 · 7 = ___	6 · 9 = ___	9 · 6 = ___	6 · 8 = ___	3 · 9 = ___

3 Schreibe die passenden Rechnungen auf.

H	Z	E
●●●●	●●	●

400 + ___

H	Z	E
●●●●●	●	●

___

H	Z	E
●●●●●●●●●	●●●●	●

___

H	Z	E
●●●●●●		●

___

H	Z	E
●●●		●●●●●

___

H	Z	E
●●●●●	●●●	●●●●●●

___

4 Zwischen welchen Hundertern liegen diese Zahlen?

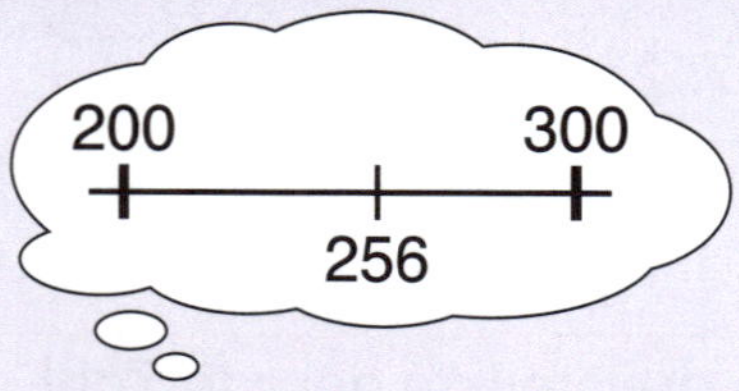

___ 256 ___	___ 718 ___	___ 521 ___
___ 261 ___	___ 324 ___	___ 876 ___

5 Zwischen welchen Zehnern liegen diese Zahlen?

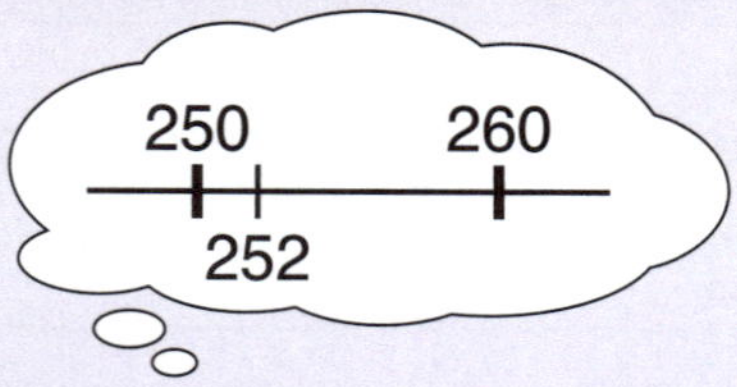

___ 252 ___	___ 427 ___	___ 584 ___
___ 819 ___	___ 907 ___	___ 719 ___

SB S. 50/51

1 Malaufgaben mithilfe der Kernaufgaben lösen

a)

5 · 9 = ___	5 · 7 = ___	2 · 9 = ___	2 · 4 = ___	6 · 6 = ___
6 · 9 = ___	6 · 7 = ___	3 · 9 = ___	3 · 4 = ___	7 · 6 = ___

b)

2 · 9 = ___	2 · 6 = ___	6 · 5 = ___	6 · 6 = ___
4 · 9 = ___	4 · 6 = ___	3 · 5 = ___	3 · 6 = ___

2 Einmaleins-Verwandtschaften

40	18	30	32
___ · 8	___ · 3	___ · 5	___ · 4
___ · 4	___ · 6	___ · 6	___ · 8
___ · 10	___ · 2	___ · 10	___ · 16
___ · 5	___ · 9	___ · 3	___ · 2

3 Zerlege in Hunderter, Zehner, Einer. Schreibe sie auf.

586 = ___ + ___ + ___	809 = ___	423 = ___
327 = ___	410 = ___	804 = ___
410 = ___	601 = ___	320 = ___

4 Nachbarzahlen, Nachbarzehner, Nachbarhunderter

N-Hunderter	N-Zehner	N-Zahl		N-Zahl	N-Zehner	N-Hunderter
			425			
			884			
			304			
			699			
			501			

(1) Male Rechnung und Ergebnis mit der gleichen Farbe an.

692 – 80 | 476 – 20 | 441 + 200 | 370 – 9 | 365 + 20 | 423 + 6

456 | 385 | 361 | 429 | 641 | 612

(2) Färbe bei der ersten Zahl jeweils die Stellen, die sich ändern. Rechne.

a)	b)	c)
500 – 300 = ____	700 + 200 = ____	300 – 100 = ____
560 – 300 = ____	720 + 200 = ____	380 – 100 = ____
560 – 330 = ____	720 + 250 = ____	380 – 160 = ____
564 – 330 = ____	723 + 250 = ____	383 – 160 = ____
564 – 333 = ____	723 + 254 = ____	383 – 162 = ____

(3) Denke an die kleine Aufgabe. Rechne.

a)	b)	c)
536 + 8 = ____	653 – 8 = ____	385 + 7 = ____
648 + 5 = ____	976 – 9 = ____	385 – 7 = ____
759 + 6 = ____	523 – 7 = ____	613 + 6 = ____
825 + 7 = ____	412 – 6 = ____	613 – 6 = ____

(4) Färbe bei der ersten Zahl jeweils die Stellen, die sich ändern. Rechne.

a)	b)	c)
460 + 50 = ____	630 – 60 = ____	340 + 70 = ____
830 + 80 = ____	450 – 80 = ____	340 – 70 = ____
670 + 60 = ____	720 – 50 = ____	620 + 90 = ____
580 + 90 = ____	540 – 70 = ____	620 – 90 = ____

(5) Ergänze. Vergleiche jeweils die beiden Häuser. Was fällt dir auf? Tausche dich mit deinem Partner aus.

a)

100	
63	
47	
91	

1000	
263	
547	
691	

b)

100	
	39
	72
	45

1000	
	639
	272
	445

Zeichne Häuschen mit dem Ergebnis 1000 in dein 📖.

Plusaufgaben bis 1000 – Rechenwege ①

SB S. 54/55

① Es geht über den Zehner. Rechne auf deinem Weg. Vergleicht eure Rechenwege.

a) 457 + 235 = ______ b) 823 + 168 = ______ c) 617 + 256 = ______

d) 538 + 347 = ______ e) 265 + 418 = ______ f) 346 + 525 = ______

② Es geht über den Hunderter. Rechne auf deinem Weg. Vergleicht eure Rechenwege.

a) 486 + 251 = ______ b) 365 + 173 = ______ c) 291 + 643 = ______

d) 354 + 468 = ______ e) 135 + 587 = ______ f) 379 + 443 = ______

 SB S. 54/55

Plusaufgaben bis 1000 – Rechenwege ②

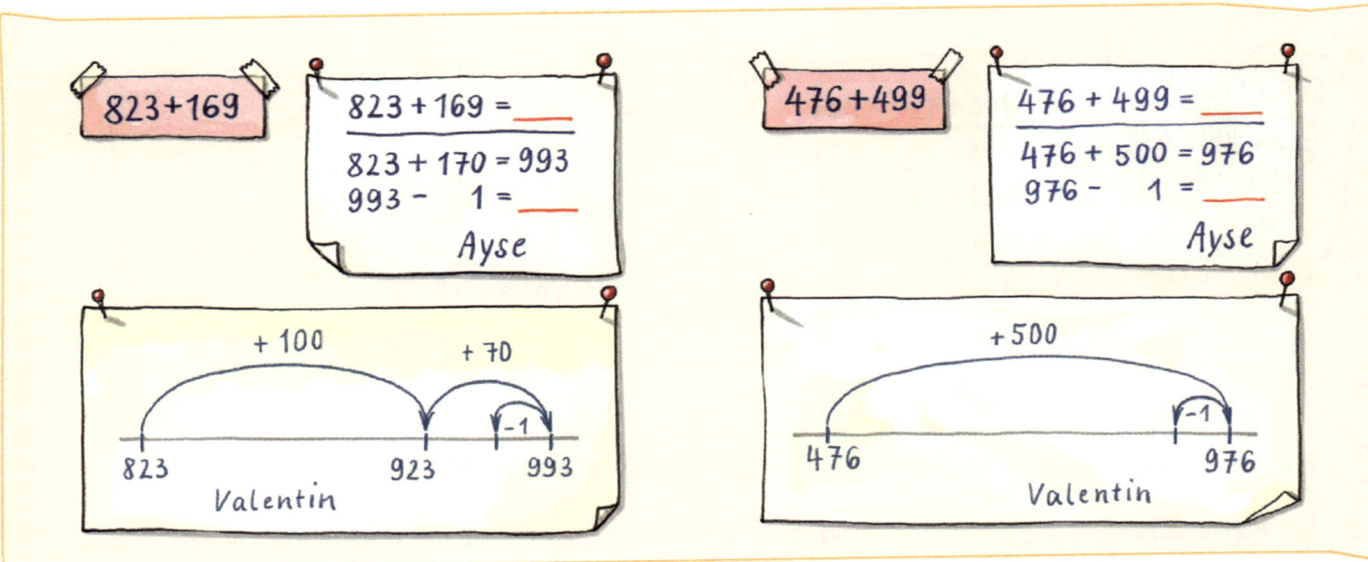

① Nahe am vollen Zehner oder nahe am vollen Hunderter: Rechne geschickt.

a) 823 + 169 = ____ b) 523 + 448 = ____ c) 682 + 239 = ____

d) 476 + 499 = ____ e) 634 + 199 = ____ f) 357 + 298 = ____

Vergleiche mit deinem Partner.

② Rechne auch hier geschickt.

200 + 582

a) 199 + 582 = ____ b) 397 + 436 = ____ c) 698 + 117 = ____

Minusaufgaben bis 1000 – Rechenwege ①

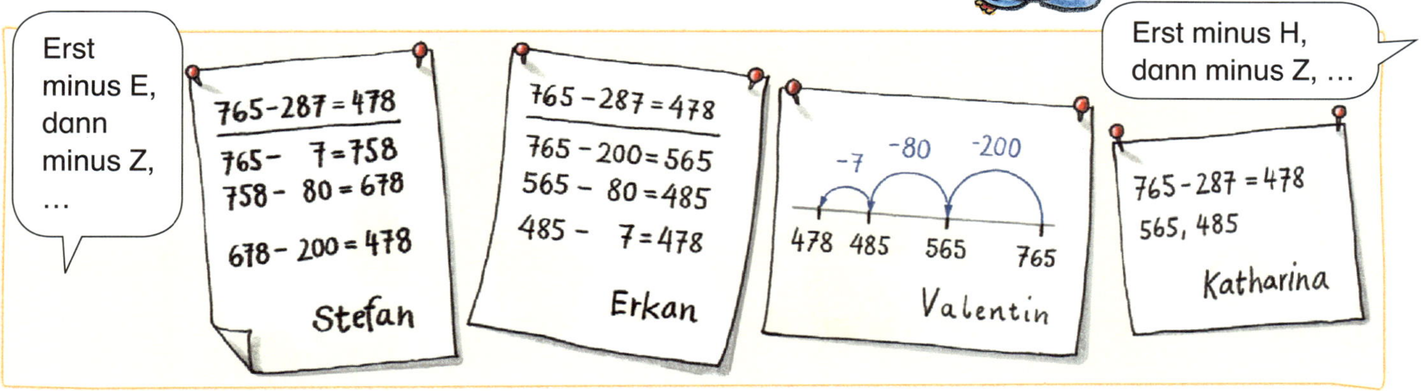

① Der Zehner wird „geknackt". Rechne auf deinem Weg. Vergleicht eure Rechenwege.

a) 542 – 326 = ____ b) 665 – 138 = ____ c) 871 – 756 = ____

d) 483 – 247 = ____ e) 954 – 415 = ____ f) 796 – 578 = ____

② Der Hunderter wird „geknackt". Rechne auf deinem Weg. Vergleicht eure Rechenwege.

a) 816 – 453 = ____ b) 935 – 671 = ____ c) 564 – 182 = ____

d) 454 – 395 = ____ e) 723 – 567 = ____ f) 642 – 278 = ____

Minusaufgaben bis 1000 – Rechenwege ②

723 − 499

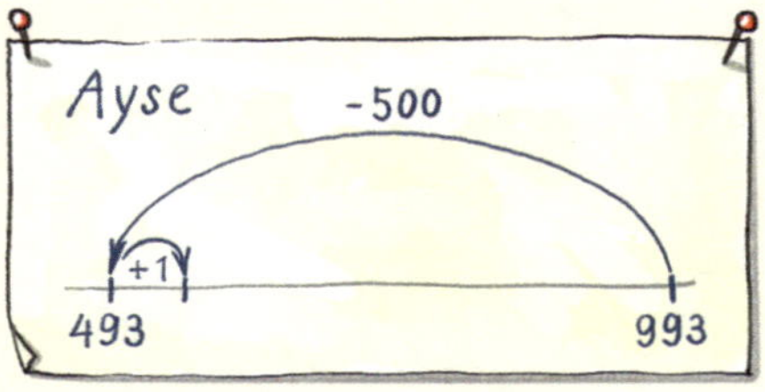

723 − 499 = ___
723 − 500 = 223
223 + 1 = ___
Stefan

① Nahe am vollen Hunderter: Rechne geschickt.

a) 723 − 499 = ______ b) 523 − 399 = ______ c) 482 − 199 = ______

d) 614 − 398 = ______ e) 941 − 597 = ______ f) 853 − 696 = ______

② Abziehen oder ergänzen? Rechne auf deinem Weg. Vergleicht eure Rechenwege.

100 − 82 = 18
400 − 82 = 318
Sebastian

400 − 82

82 + 18 = 100
82 + 318 = 400
Hanni

a) 400 − 82 = ______ b) 600 − 36 = ______ c) 400 − 17 = ______

d) 1000 − 49 = ______ e) 1000 − 7 = ______ f) 1000 − 68 = ______

SB S. 58

① Wie heißen diese Körper? Trage den richtigen Buchstaben ein.

ⓐ Kegel ⓑ Kugel ⓒ Würfel ⓓ Quader ⓔ Pyramide ⓕ Zylinder

___ ___ ___ ___ ___ ___

② Simsala hat jeden Körper dreimal in Sand gedrückt. Ordne zu.

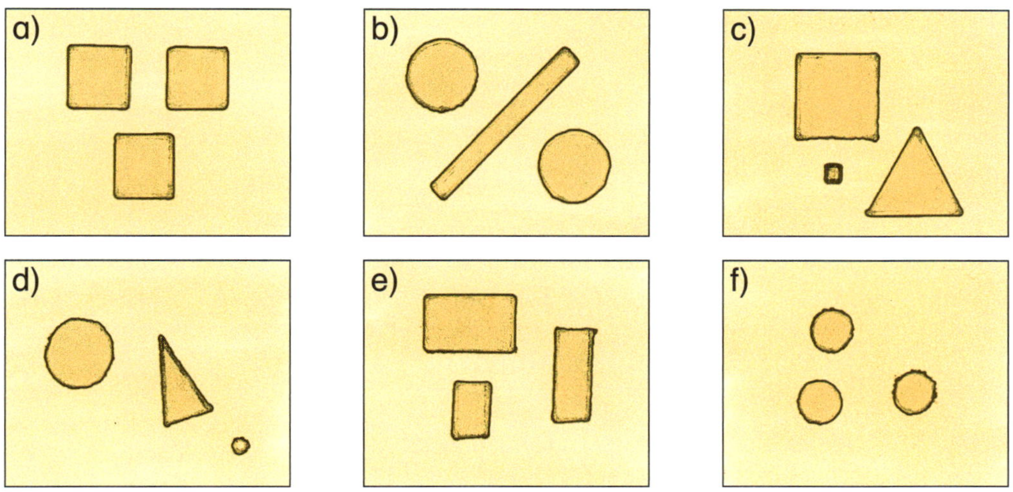

	Quader
	Kegel
a	Würfel
	Zylinder
	Kugel
	Pyramide

③ Welcher Körper ist das? Schreibe auf.

a) Der Körper hat keine Kanten und Ecken.

___

b) Die 6 Flächen des Körpers sind gleich große Quadrate. Der Körper hat 12 Kanten und 8 Ecken.

___

c) Der Körper hat 3 Flächen, 2 davon sind Kreise. Der Körper sieht aus wie eine Walze.

___

d) Viele Schachteln sehen so aus. Der Körper hat 6 Flächen, die aber nicht alle gleich groß sind. Er hat 12 Kanten und 8 Ecken.

___

④ Welche Körperformen würdest du verwenden …

a) … zum Fußballspielen? ___

b) … zum Bau einer Mauer? ___

c) … als Zauberhut? ___

d) … zum Ausrollen von Teig? ___

Erkläre in deinem .

Manchmal musst du zweimal ankreuzen!

① Kreuze an ☒.

a) 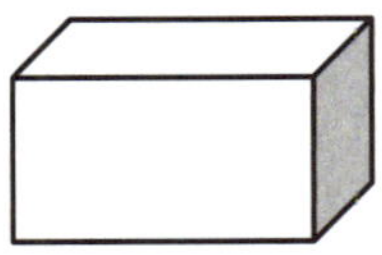

☐ Quader
☐ Würfel

b) 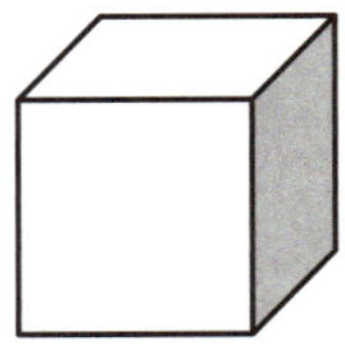

☐ Quader
☐ Würfel

c) 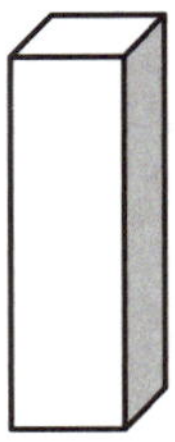

☐ Quader
☐ Würfel

d) 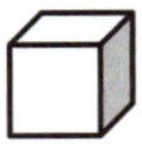

☐ Quader
☐ Würfel

② Ergänze die Tabelle.

Würfel		Quader
	Anzahl der Ecken	
	Anzahl der Kanten	
	Anzahl der Flächen	
	Flächenformen	

Was unterscheidet den Würfel vom Quader? Beschreibe.

____

____

____

③ Würfelkippen – Geometrie im Kopf
Überlege zuerst. Überprüfe dann mit einem Würfel.

	Start	

Lege deinen Würfel immer so auf Start: 

Welche Würfelzahl liegt nach den Kippbewegungen oben? Kreuze an ⓧ.

a) Kippe den Würfel nach rechts, dann von dir weg.

○  ○  ○ 

b) Kippe den Würfel zu dir hin, dann nach links.

○  ○  ○ 

c) Kippe den Würfel nach links, dann von dir weg, dann nach rechts.

○  ○  ○ 

Würfelnetze

SB S. 60/61

① Aus welchen Netzen kann man einen Würfel falten? Kreise sie ein.

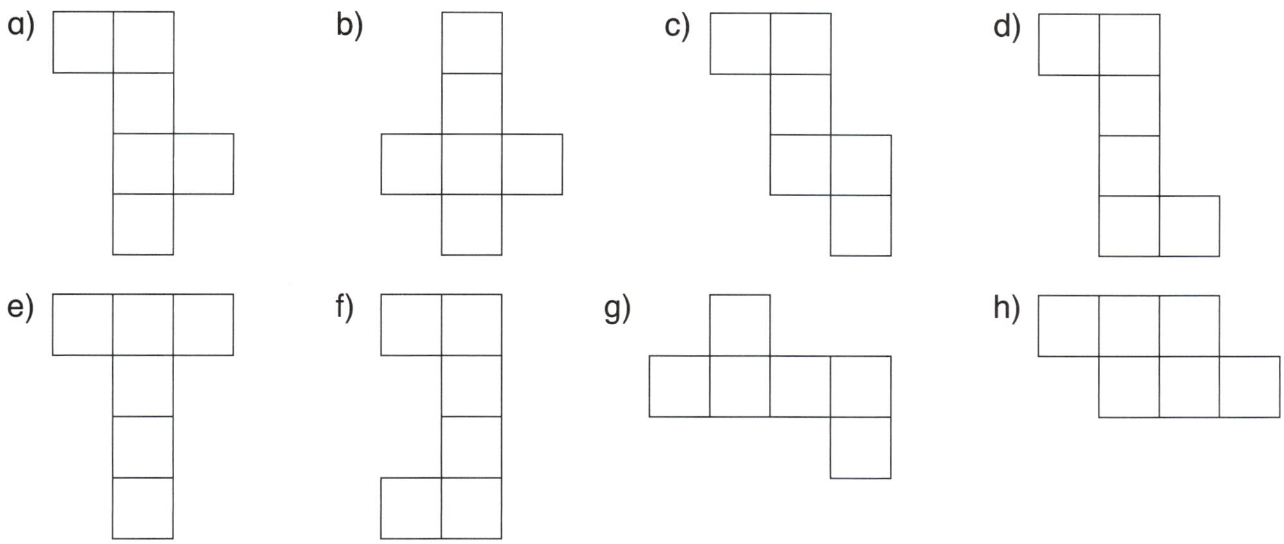

② Ergänze zu vollständigen Würfelnetzen. Finde verschiedene Netze.

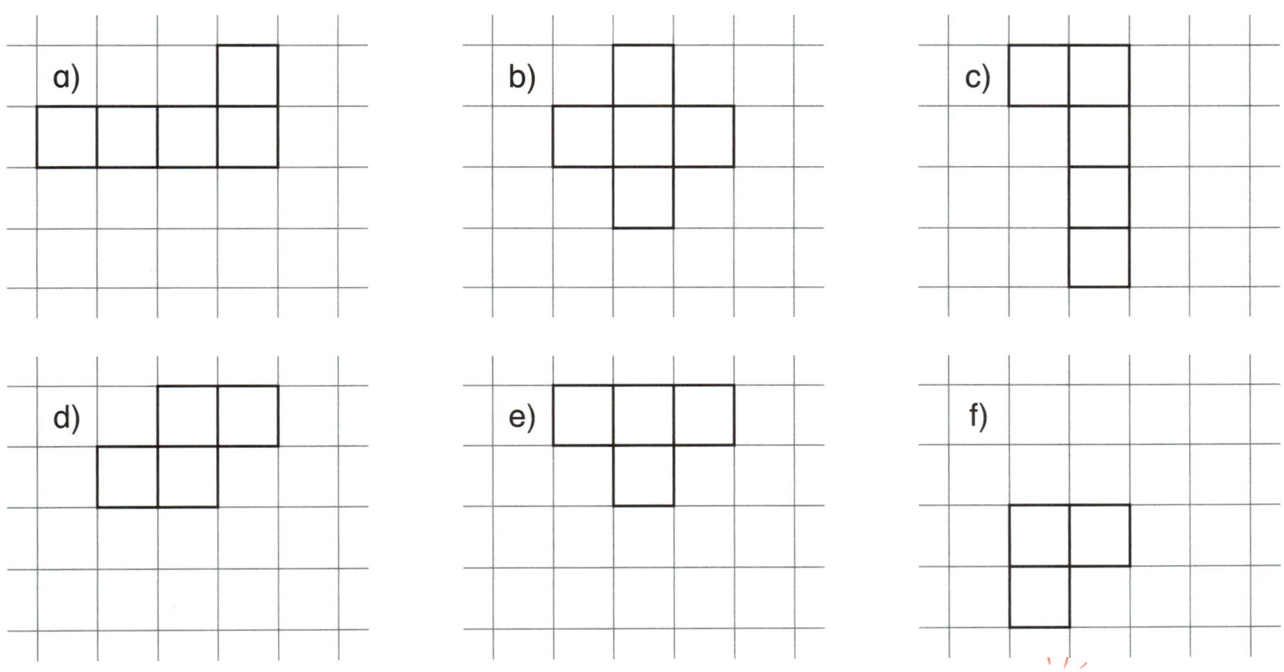

★ ③ Zeichne die fehlenden Würfelpunkte ein.

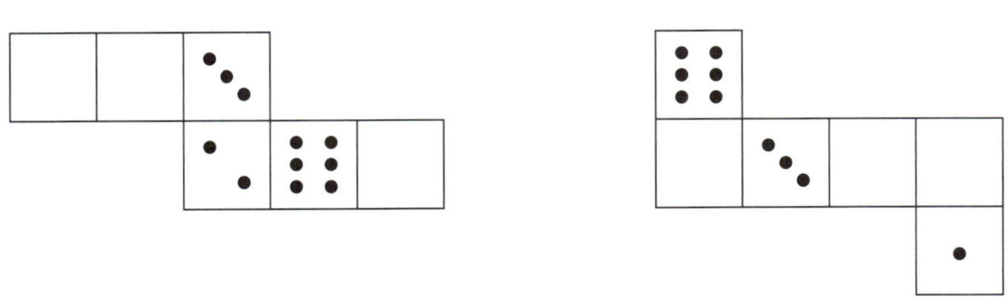

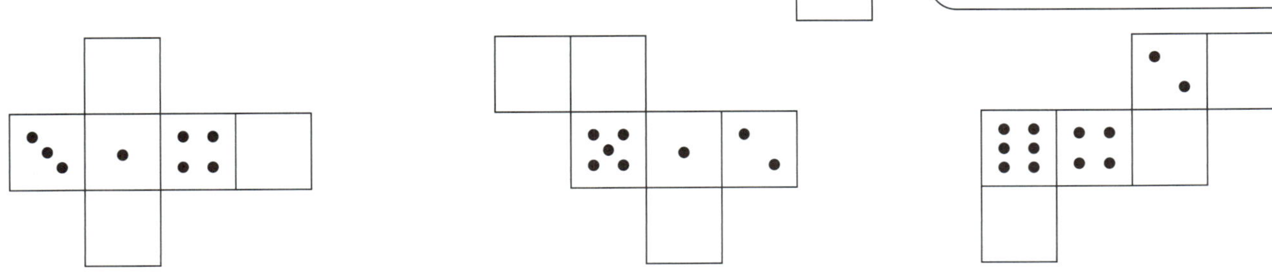

SB S. 62/63

(1) Ergänze die Baupläne.

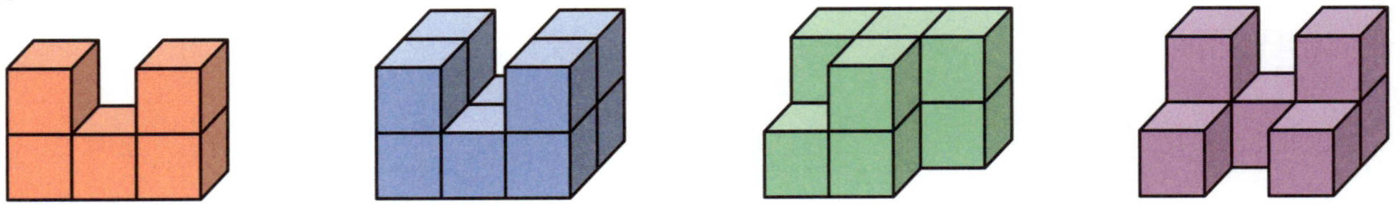

2		

(2) Zeichne die Baupläne zu den Würfelgebäuden.

(3) Welcher Plan gehört zu welchem Bauwerk?

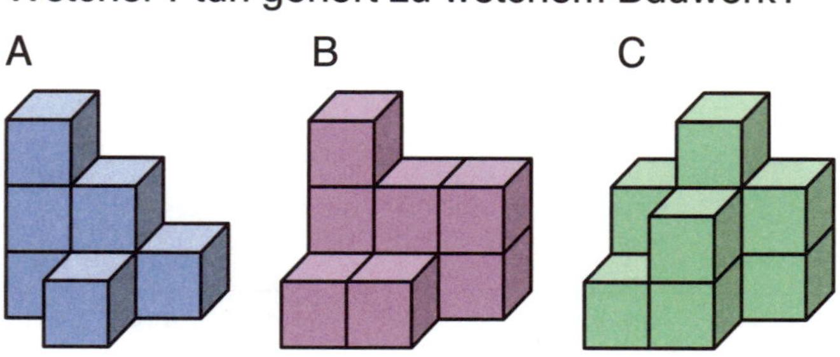

3	2	2
1	1	

2	3	2
1	2	

2	3	2
2	1	

3	2	1
	1	

Welches Bauwerk ist das größte mit den meisten Würfeln?
Welches ist das kleinste mit den wenigsten? Tausche dich mit deinem Partner aus.

Rechentricks bei ⊕ und ⊖

① Zeichne und rechne.

a)

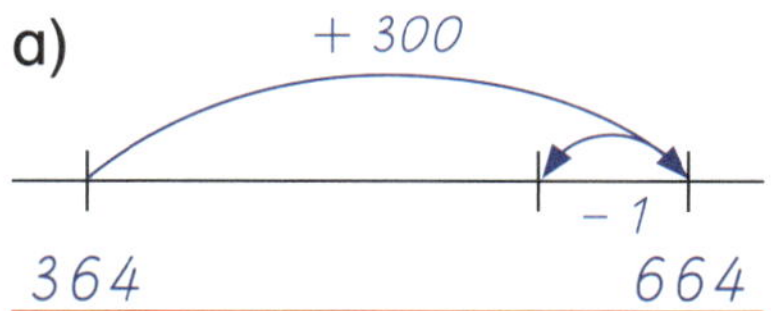

364 + 299 = ____	678 + 197 = ____	452 + 490 = ____

b)

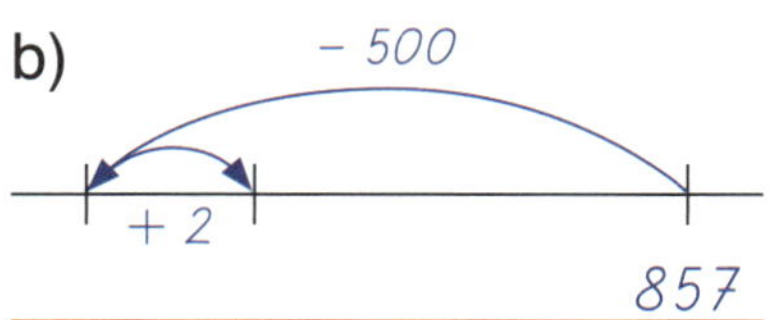

857 – 498 = ____	525 – 96 = ____	711 – 597 = ____

② Welcher Ballon gehört zu welchem Korb? Löse durch Ergänzen.

③ Finde die restlichen 4 Fehler.

a) 597 + 354 = 951 ✓
236 + 399 = ~~535~~ 635
618 + 196 = 813 ____
475 + 290 = 765 ____
342 + 399 = 641 ____

b) 336 – 198 = 138 ____
728 – 95 = 633 ____
473 – 297 = 276 ____
982 – 499 = 484 ____
865 – 299 = 566 ____

Erfinde Aufgaben mit Fehlern. Schreibe sie in dein .
Dein Partner berichtigt sie.

SB S. 66/67

Lies die Aufgaben genau. Zeichne die Skizzen fertig, trage alle Angaben ein und rechne.

(1) Frau Kurz will ihre neue Pferde-Koppel einzäunen. Die Koppel ist 24 m lang und 17 m breit. An einer der langen Seiten soll eine Öffnung von 3 m für ein Tor frei bleiben. Wie viel Meter Zaun benötigt Frau Kurz?

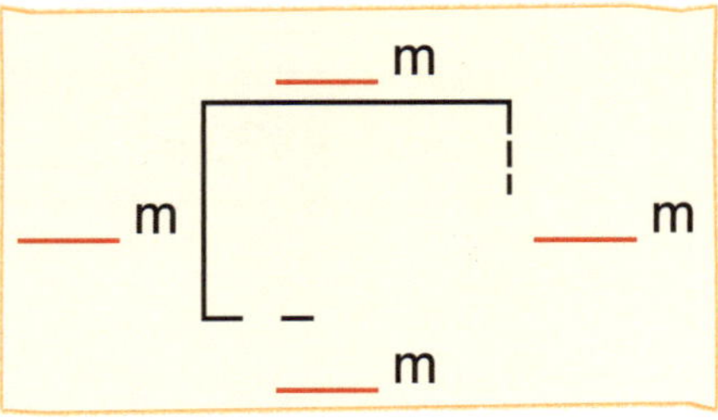

R:

A: ___

(2) Ben ist 32 cm kleiner als seine Mutter und 12 cm größer als seine Schwester Tina. Vater ist 1 m 88 cm groß. Er ist 16 cm größer als die Mutter. Wie groß sind Ben, Tina und Mutter?

R:

A: ___

(3) Felix besucht seine Oma. Um 9.25 Uhr fährt der Zug los. Unterwegs hat er 30 Minuten Aufenthalt. Um 11.10 Uhr kommt Felix bei seiner Oma an.

a) Wie lange war Felix unterwegs?
b) Wie lange war die reine Fahrzeit?

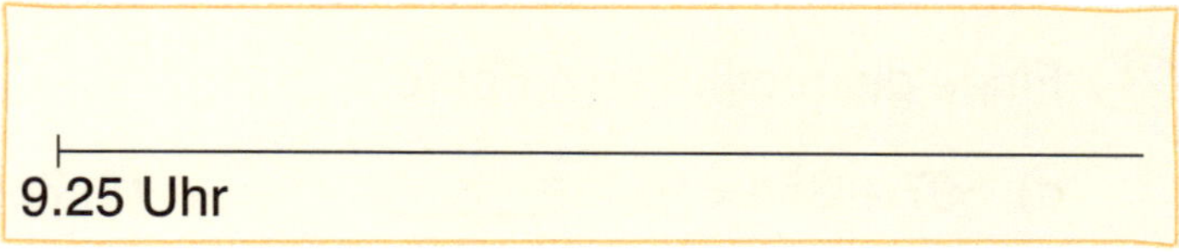

R:

A: ___

___

SB S. 68/69

① Eulalia fliegt über den See. Sie zählt heute 36 Beine.
Wie viele Frösche und Enten könnten es sein?

Probieren und ordnen hilft.

Vergleicht eure Lösungswege.

② Zahlenrätsel: Wie heißt meine Zahl?

Rückwärts arbeiten hilft!

Ich teile meine Zahl durch 8, nehme das Ergebnis mit 9 mal, zähle 28 dazu und erhalte 100.

☐ →	: 8 →	· 9 →	+ 28 →	100
☐ ←	◯ ←	◯ ←	◯ ←	☐

Wenn ich zu meiner Zahl 75 dazuzähle, vom Ergebnis 180 abziehe und dann durch 4 teile, erhalte ich 5.

☐ →	◯ →	◯ →	◯ →	☐
☐ ←	◯ ←	◯ ←	◯ ←	☐

Ich denke mir eine Zahl, nehme sie mit 10 mal, teile durch 2, zähle zum Ergebnis 20 dazu und erhalte 40.

☐ →	◯ →	◯ →	◯ →	☐
☐ ←	◯ ←	◯ ←	◯ ←	☐

So groß bin ich schon!

SB S. 70/71

① Schreibe mit Komma.

3 m 25 cm = 3,25 m   8 m 4 cm = ______   904 cm = ______

6 m 71 cm = ______   4 m 6 cm = ______   370 cm = ______

7 m 20 cm = ______   5 m 9 cm = ______   821 cm = ______

② Schreibe in cm.

4 m 61 cm = 461 cm   4,50 m = ______   7,03 m = ______

3 m 88 cm = ______   5,12 m = ______   4,70 m = ______

2 m 8 cm = ______   8,19 m = ______   8,21 m = ______

③ Immer 3 Angaben gehören zusammen. Färbe sie gleich.

6 m 12 cm | 6 m 2 cm | 6,12 m | 600 cm | 6,20 m

6 m | 620 cm | 612 cm | 6,00 m

6 m 20 cm | 6,02 m | 602 cm

④ Welche Zeichnung passt zu welcher Geschichte?
Schreibe den passenden Buchstaben dazu. Rechne und antworte.

☐ ☐ ☐ ☐

a) Claudia ist 1,27 m groß. Sie ist 34 cm größer als ihr Bruder Mark.
Wie groß ist Mark?

R: ______

A: ______

b) Jana und ihre Puppe sind zusammen so groß wie Mama. Jana ist 1,28 m, die Puppe ist 44 cm groß. Wie groß ist Mama?

R: ______

A: ______

c) Meral und ihre Schwester sind zusammen so groß wie Vater. Meral ist 1,10 m und ihr Vater 1,87 m groß. Wie groß ist Merals Schwester?

R: ______

A: ______

d) Anja ist 1,27 m groß, 34 cm kleiner als ihr Bruder Tobias.
Wie groß ist Tobias?

R: ______

A: ______

Wie groß ist der kleinste Mensch? Wie groß ist der größte Mensch? Forsche nach.
Zeichne und vergleiche in deinem 📖.

Optische Täuschungen

SB S. 72/73

① Vermute zuerst und miss dann genau.

a) Welcher rote Strich ist länger?

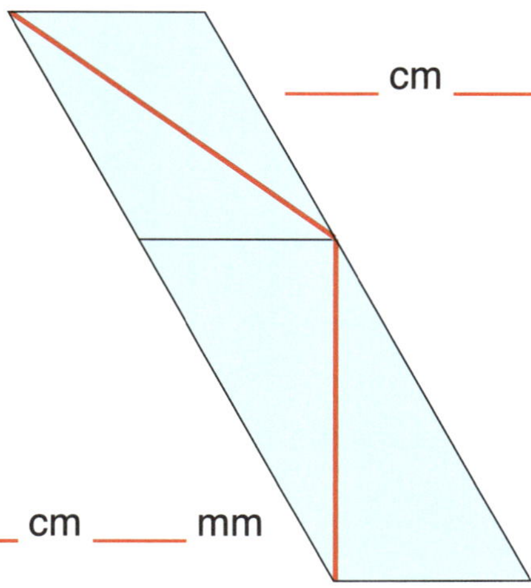

____ cm ____ mm

____ cm ____ mm

b) Ist das Kreuz näher an der Spitze oder näher am unteren Rand?

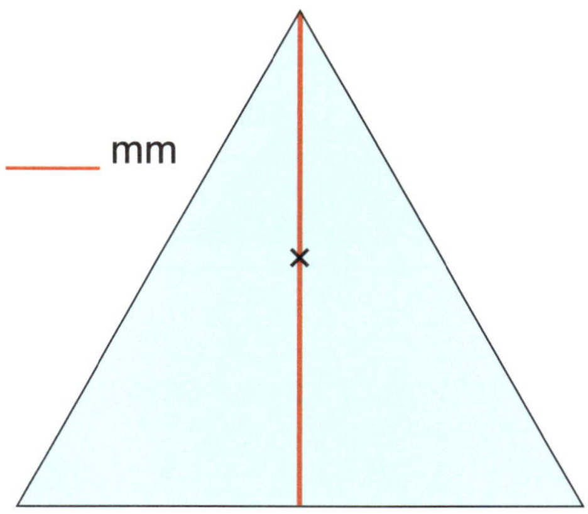

____ cm ____ mm

____ cm ____ mm

② Zentimeter und Millimeter: Lies ab, verbinde und trage ein.

8 mm	3 cm 6 mm	81 mm	10 cm 8 mm	16 cm 5 mm

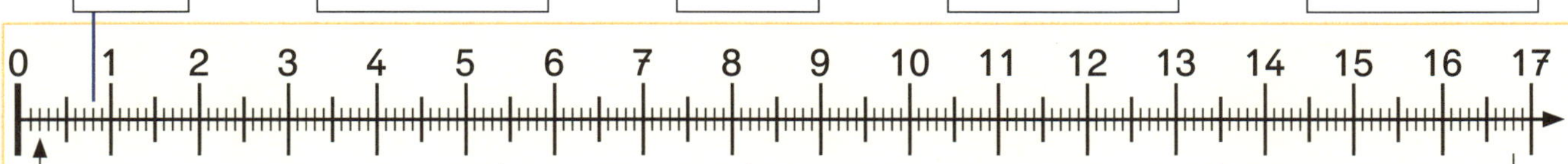

2 mm	____ mm	____ cm ____ mm	____ mm	____ cm ____ mm

③ Zeichne die Strecken.

a)

18 mm
20 mm
13 mm
32 mm

b)

2 cm 3 mm
5 cm 1 mm
3 cm 5 mm
4 cm 4 mm

④ Wandle um.

a) 4 cm 3 mm = ____ mm

11 cm 9 mm = ____ mm

7 cm 3 mm = ____ mm

b) 93 mm = ____ cm ____ mm

100 mm = ____ cm ____ mm

55 mm = ____ cm ____ mm

⑤ Wie hoch sind die Gebäude? Miss genau.

________ ________ ________ ________ ________

SB S. 74/75

Achsensymmetrische Figuren

(1) Überprüfe mit dem Zauberspiegel. Wo haben die Figuren eine Symmetrieachse? Zeichne sie ein.

(2) Welche Figuren sind achsensymmetrisch? Überprüfe. Kreuze sie an ☒.

A

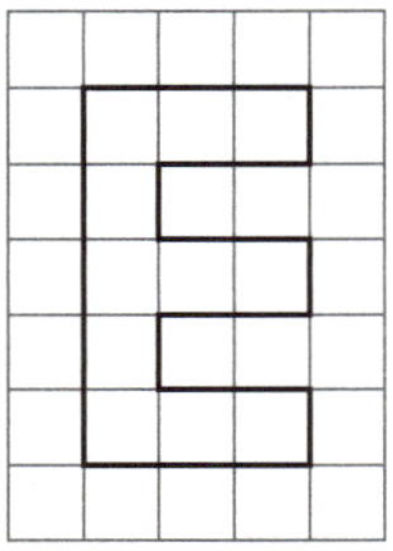

☐

B

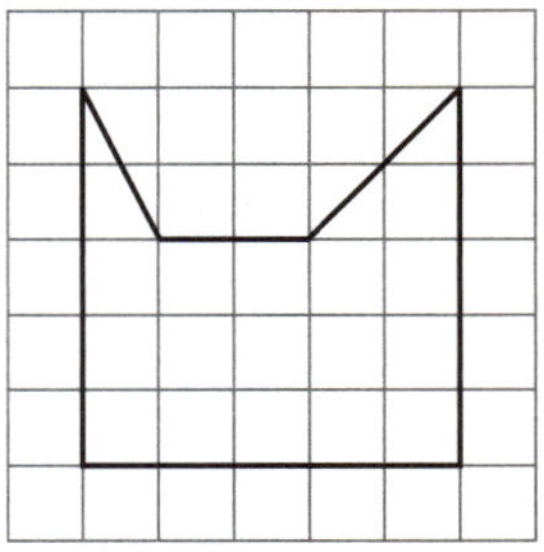

☐

C

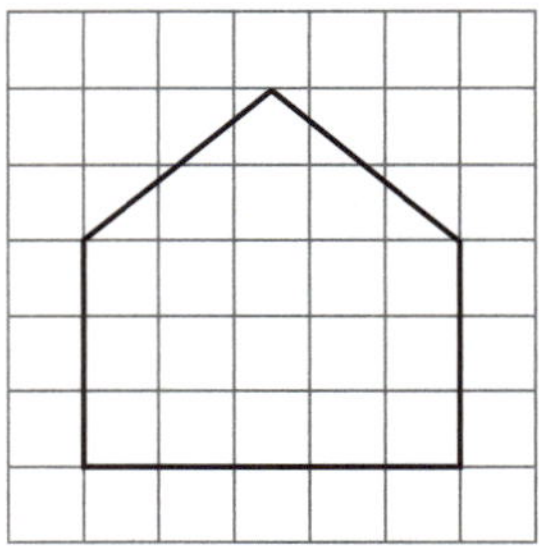

☐

D

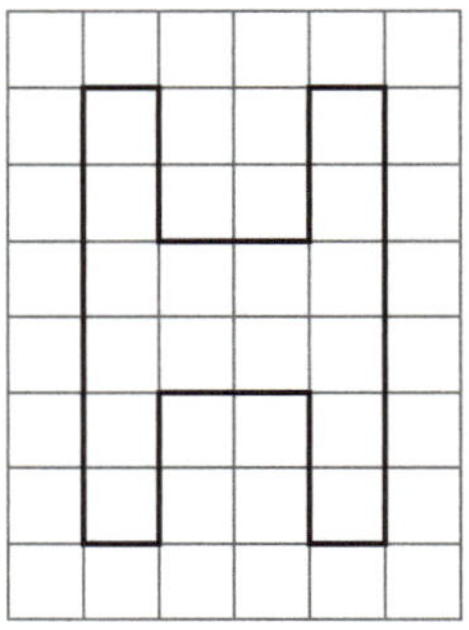

☐

E

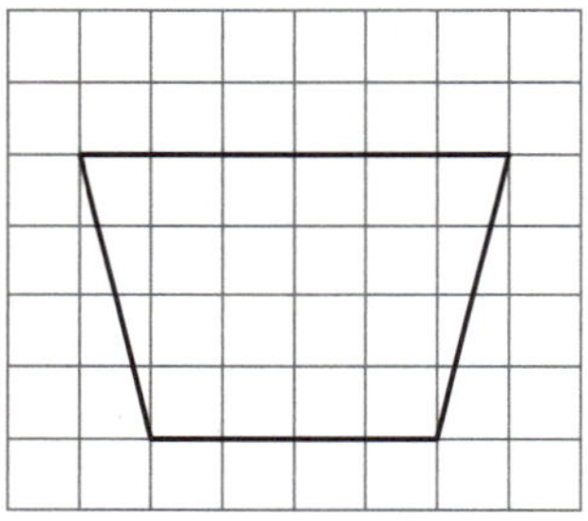

☐

F

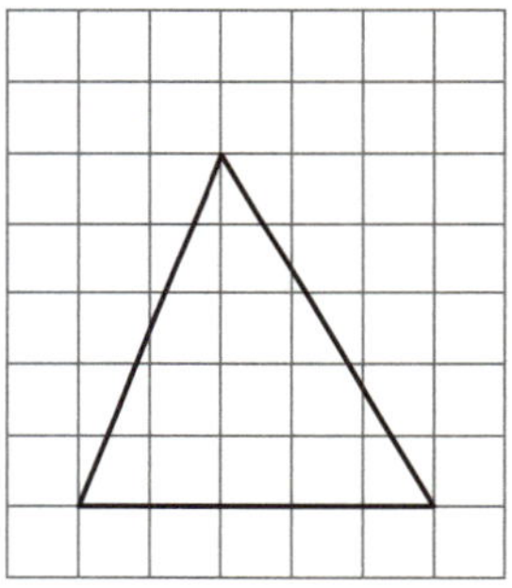

☐

G

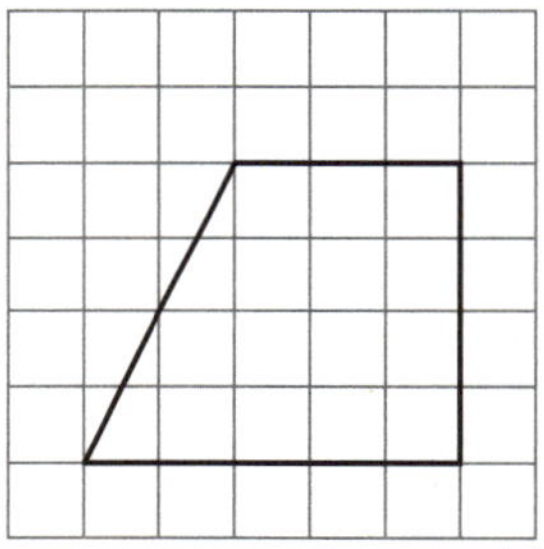

☐

H

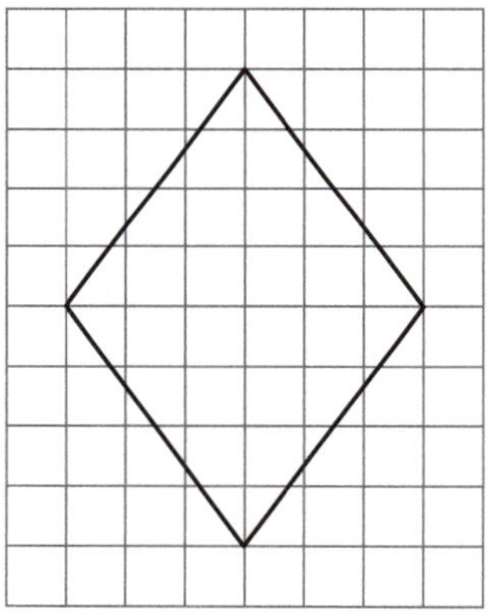

☐

(3) Trage die noch fehlenden Symmetrieachsen ein. Gib die Anzahl an.

A

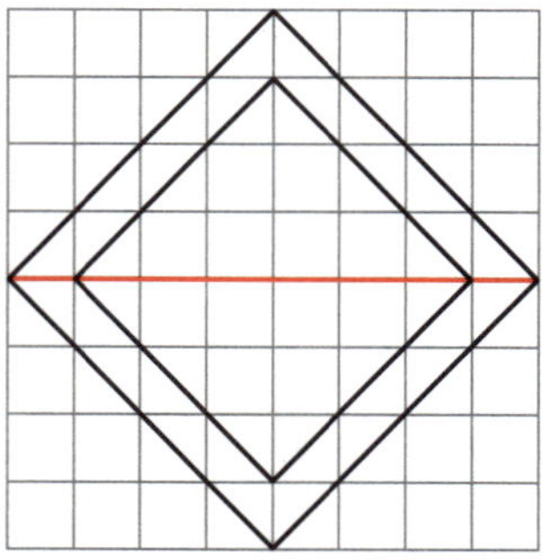

B

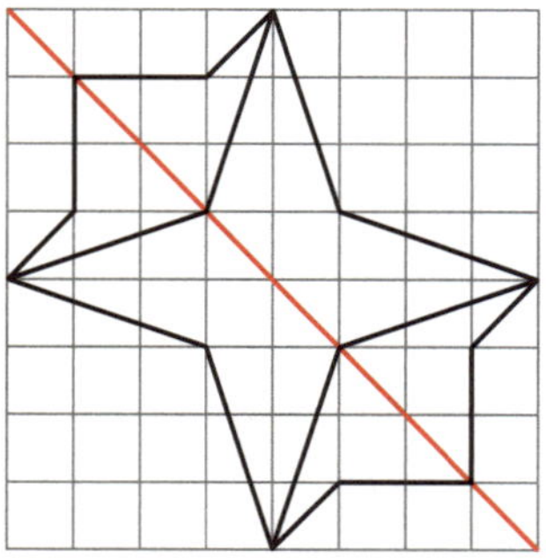

C

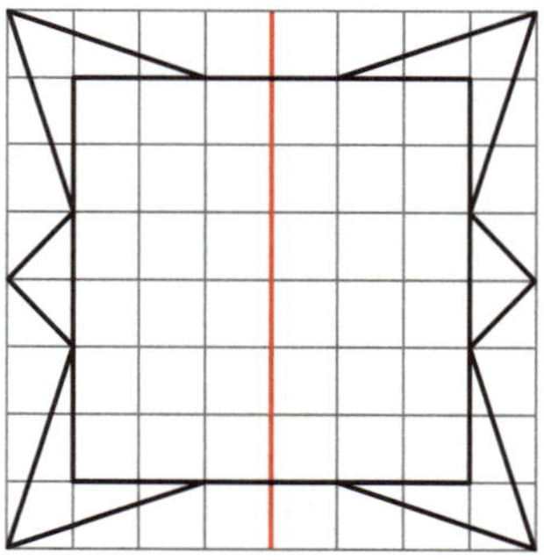

Figur A hat _____ Symmetrieachsen.

Figur B hat _____ Symmetrieachsen.

Figur C hat _____ Symmetrieachsen.

Bilder erspiegeln – achsensymmetrisch ergänzen

① Spiegle die Ausgangsfigur. Umrahme das Spiegelbild.

② Erspiegle die Bilder. Wo muss der Spiegel stehen?
Bei welcher Figur geht es nicht? Kreuze sie an ☒.

Ausgangsfigur | A | B | C | D

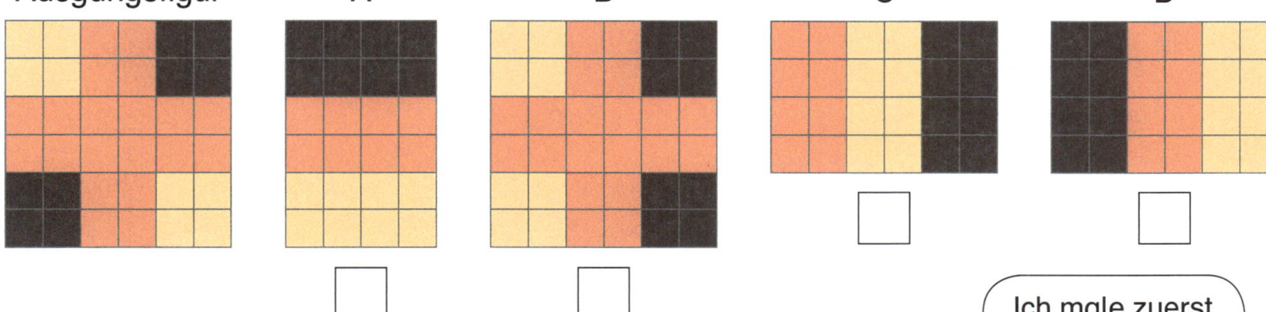

③ Ergänze achsensymmetrisch.

a)

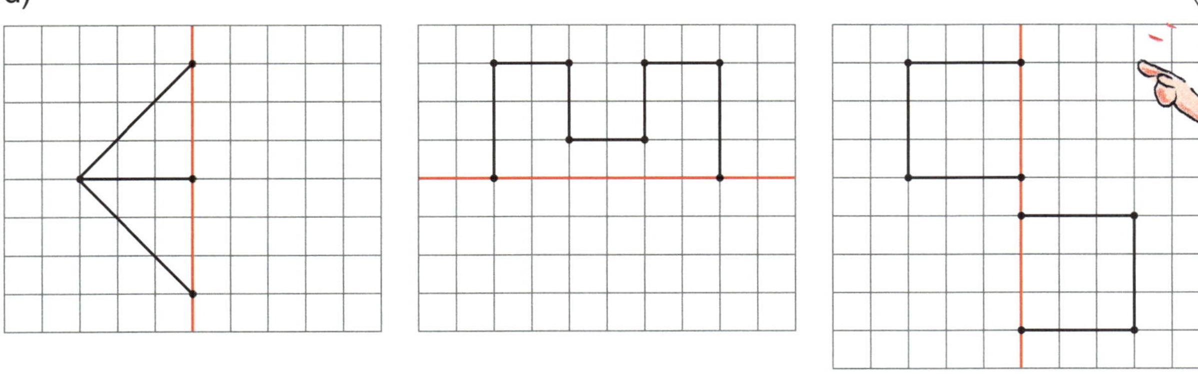

b)

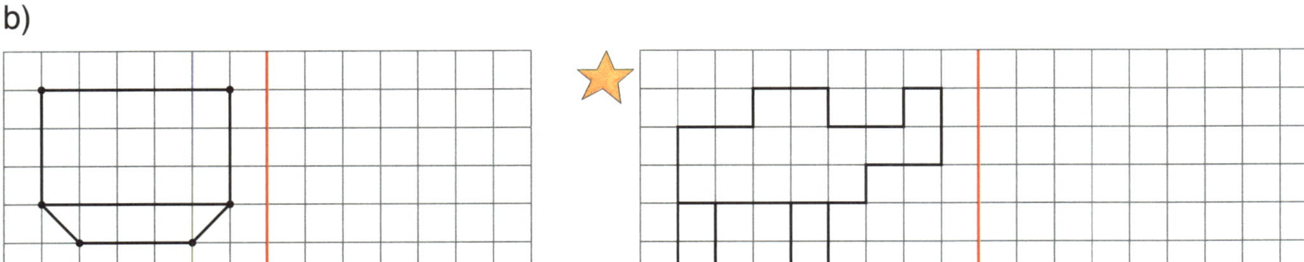

Zeichne achsensymmetrische Figuren in dein Heft.

SB S. 78/79

1 Rechne. Welche Stelle ändert sich?

	+ 5	= ____
	+ 50	= ____
	– 300	= ____
	– 3	= ____

	+ 400	= ____
	– 4	= ____
	+ 6	= ____
	– 600	= ____

2 Markiere bei der ersten Zahl die Stellen, die sich verändern. Rechne.

a)
800 – 300 = ____
860 – 300 = ____
860 – 320 = ____
864 – 320 = ____
864 – 322 = ____

b)
500 + 400 = ____
530 + 400 = ____
530 + 440 = ____
536 + 440 = ____
536 + 443 = ____

c)
748 + 210 = ____
748 – 213 = ____
363 + 520 = ____
363 – 222 = ____
488 – 480 = ____

3 Ergänze. Vergleiche jeweils die beiden Häuser. Was fällt dir auf?

a)

b)

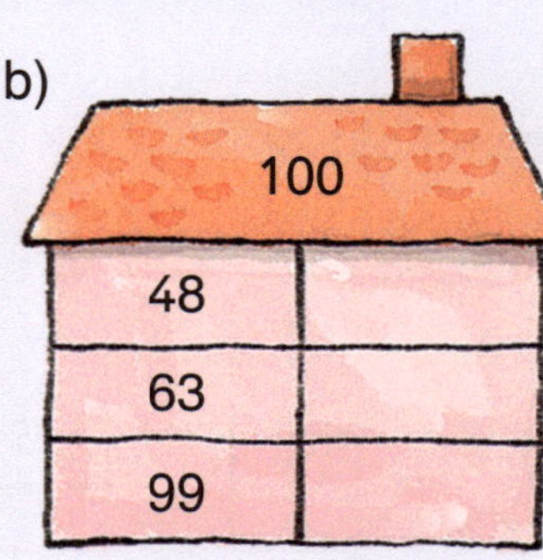

4 Löse auf deinem Weg. Vergleicht eure Lösungswege.

366 + 25

873 – 65

1 Von leichten zu schweren Aufgaben

a)

400 + 300 = ______
400 + 340 = ______
400 + 346 = ______
420 + 300 = ______
420 + 340 = ______
420 + 346 = ______
423 + 300 = ______
423 + 340 = ______
423 + 346 = ______

b)

900 – 700 = ______
900 – 710 = ______
900 – 716 = ______
920 – 700 = ______
920 – 710 = ______
920 – 716 = ______
923 – 700 = ______
923 – 710 = ______
923 – 716 = ______

c)

640 + 200 = ______
640 + 270 = ______
640 + 277 = ______
680 – 300 = ______
680 – 390 = ______
680 – 395 = ______

2 Ergänze.

700	
324	
416	
625	

900	
801	
620	
407	

500	
199	
483	
105	

1000	
629	
207	
411	

3 Zeichne und rechne.

982 – 396 = ______

763 – 599 = ______

456 – 398 = ______

843 – 599 = ______

SB S. 80/81

① Mit und ohne Übertrag an der Z-Stelle: Rechne.

229	146	535	454	762	339
+ 537	+ 821	+ 356	+ 237	+ 234	+ 446

365	682	181	623	118	453
+ 427	+ 317	+ 513	+ 258	+ 461	+ 219

② Kein Übertrag, ein Übertrag, zwei Überträge? Rechne.

244	444	348	582	764	565
+ 638	+ 475	+ 291	+ 343	+ 158	+ 273

832	367	455	627	582	736
+ 109	+ 574	+ 277	+ 98	+ 134	+ 208

③ Schreibe stellengerecht untereinander und rechne.

256 + 77

272 + 462

176 + 587

329 + 67

37 + 751

583 + 194

④ Schreibe sechs Aufgaben mit Übertrag in dein 📖.

Vorsicht Fehler! ⊕

SB S. 82

① a) Aufgepasst bei der Null!

418	388	642	178	83	585
+ 252	+ 202	+ 59	+ 231	+ 317	+ 275

b) Aufgepasst beim Übertrag! 1 gemerkt oder 2 gemerkt?

252	139	282	425	182	718
494	244	134	216	465	135
+ 162	+ 358	+ 591	+ 143	+ 371	+ 67

② Suche in jeder Aufgabe den Fehler. Verbinde mit dem passenden Tipp.
Rechne die Aufgaben neu.

372		426		41	
+ 485 (Übertrag 1)		+ 53		+ 422	
867		956		832	

Aufgepasst beim Übertrag!	Rechnen bis 20 üben!	Stellengerecht untereinander schreiben!

681		327		54	
+ 274		+ 368 (Übertrag 1)		+ 327	
855		696		867	

☆ ③ Klecksaufgaben

6 _ _	4 _ 2	2 6 _	_ 1 5	2 _ 8	_ 1 _
+ 3 7 4	+ 3 8 _	+ 5 _ 5	+ 2 _ 8	+ _ 6 _	+ 4 _ 9
9 9 7	7 9 2	8 5 2	6 5 3	5 4 3	7 0 2

1 Rechne nur die Aufgaben, deren Summe …

a) … zwischen 400 und 500 liegen,

228	384	342	179	94	165
+ 256	+ 292	+ 89	+ 256	+ 312	+ 278

b) … zwischen 700 und 800 liegen.

446	513	286	374	162	203
+ 297	+ 188	+ 467	+ 285	+ 596	+ 599

2 Ziffernkarten: 0 2 3 4 5 6

Bilde aus den Ziffernkarten jeweils zwei dreistellige Zahlen. Addiere. Finde mehrere Aufgaben.

3 ★ Ziffernkarten: 2 3 4 5 6 7

Bilde mit den Ziffernkarten zwei dreistellige Zahlen, sodass du diese Ergebnisse erhältst. Verwende immer alle Ziffernkarten.

das kleinste Ergebnis	das größte Ergebnis	Ergebnis 999	H-Stelle: 9 E-Stelle: 8	Ergebnis 900
+	+	+	+	+
		999	9 _ 8	900

Von Gewichten und vom Wiegen

SB S. 84/85

(1) Trage die Vergleichsgewichte ein.

50 g	100 g	25 g	~~1 kg~~	250 g	500 g	1000 g	2 g

__1__ kg ______ g ______ g ______ g ______ g ______ g ______ g

____

(2) a) Es sind immer 500 g. Berechne die Anzahl.

______ Becher Margarine ______ Tafeln Schokolade ______ Päckchen Butter

b) Es sind immer 100 g. Berechne auch hier die Anzahl.

______ Semmeln ______ Gummibärchen ______ Knusperriegel

(3) a) Ordne zu.

2 g | 10 g | 500 g | 20 kg | 50 kg | 2 kg

b) Ordne der Größe nach. Beginne mit dem kleinsten Gewicht.

____

(4) Berechne die fehlenden Gewichte. Überprüfe durch Nachrechnen.

	Birne	Orange	Pfirsich	Apfel	Kiwi	Pflaume	Apfel
Fruchtfleisch	132 g	206 g		115 g	59 g	46 g	
Kernhaus, Schale, …	33 g	65 g	13 g	7 g		3 g	20 g
Gesamtgewicht	165 g		148 g		74 g		192 g

Schulranzen-TÜV

SB S. 86/87

① Schultaschenrätsel

a) Tinas Schultasche wiegt 3670 g. Sie nimmt das Federmäppchen und das Wörterbuch heraus. Wie viel wiegt der Ranzen jetzt?

b) Tims Tasche wiegt 2630 g. Er packt noch einen Block und das Englischbuch ein. Wie viel wiegt die Tasche jetzt?

c) Anna sagt: Ich packe das Sprachbuch, das Heft und den Block ein. Um wie viel ist meine Tasche jetzt schwerer?

A: Der Ranzen wiegt jetzt ________ g.

Die Tasche wiegt jetzt ________ g.

Die Tasche ist um ________ g schwerer.

★ ②

Alle Mathematikbücher der dritten Klasse unserer Schule wiegen zusammen 40 kg. Kann das stimmen?

Ist es hier wichtig mit dem genauen Gewicht zu rechnen?

Mathebuch	Gewicht
1	
2	

SB S. 88/89

1. Umfahre die Aufgaben, bei denen du wechseln musst. Rechne dann alle Aufgaben.

625 − 172	926 − 413	867 − 49	318 − 206	746 − 328
625 − 473	394 − 173	539 − 394	886 − 374	968 − 598

2. Rechne nur die Aufgaben, bei denen du wechseln musst.

438 − 251	372 − 191	874 − 663	748 − 491	624 − 353
623 − 317	528 − 165	712 − 441	656 − 245	915 − 744

3. Male die Kreise in der passenden Farbe aus.
Schreibe stellengerecht untereinander und rechne.

Zehner in Einer wechseln

Hunderter in Zehner wechseln

Nicht wechseln

Hunderter in Zehner und Zehner in Einer wechseln

◯ 377 – 293	◯ 864 – 39	◯ 434 – 333
◯ 676 – 89	◯ 938 – 319	◯ 426 – 63

4. Schreibe sechs Aufgaben, bei denen du wechseln musst, in dein Heft.

SB S. 90/91

① Rechne.

607	709	690	528	430
− 372	− 453	− 438	− 306	− 288
870	418	660	701	550
− 334	− 203	− 417	− 502	− 167
930	606	771	506	440
− 642	− 420	− 508	− 428	− 151

② Male die Kreise in der passenden Farbe aus.
Schreibe stellengerecht untereinander und rechne.

Zehner in Einer wechseln

Hunderter in Zehner wechseln

Nicht wechseln

Hunderter in Zehner und Zehner in Einer wechseln

○ 901 – 48 ○ 431 – 208 ○ 505 – 98

○ 680 – 352 ○ 672 – 401 ○ 706 – 221

③ Schriftlich oder im Kopf? Rechne.

502 – 497 = ____ 801 – 71 = ____ 1000 – 421 = ____ 570 – 103 = ____

604 – 290 = ____ 401 – 375 = ____ 808 – 455 = ____ 600 – 246 = ____

Vorsicht Fehler! ⊖

1 Suche in jeder Aufgabe den Fehler. Verbinde mit dem passenden Tipp. Rechne richtig. Vergleiche mit deinem Partner.

456 − 275 = 281	604 − 368 = 237	307 − 126 = 281

Beim Wechseln Merkstrich nicht vergessen!

Aufgaben bis 20 üben!

Auf ⊕ und ⊖ achten!

440 − 178 = 362	703 − 236 = 939	519 − 278 = 251

2 Rechne. Überprüfe mit der Umkehraufgabe. Rechne richtig.

923 − 587 = 336 → 336 + 587	761 − 413 →	846 − 173
568 − 182	424 − 256	677 − 385

3 Rechne.

436 − 287	573 − 164	803 − 307	621 − 450	928 − 433	749 − 508
643 − 217	781 − 624	315 − 97	963 − 519	728 − 305	604 − 263

SB S. 92/93

① Witzige Ergebnisse

777	856	988	412	663	864
− 543	− 178	− 532	− 289	− 96	− 519

② Rechne nur die 4 Aufgaben, deren Ergebnis zwischen 500 und 600 liegt.

947	713	881	644	789	887
− 381	− 137	− 295	− 281	− 245	− 176

③ Rechnen mit besonderen Zahlen

212	323	313	535	858	969
− 121	− 232	− 131	− 353	− 585	− 696

★ Erkennst du, wie die Zahlen aufgebaut sind? Bilde weitere Aufgaben.

−	−	−	−	−	−

Betrachte die Ergebnisse. Was fällt dir auf? ______________________

____

★ ④ Klecksaufgaben: Rechne. Überprüfe durch Nachrechnen.

54●	924	●37	42●	4●9	8●5
− 2●3	− 7●●	− 3●1	− 2●0	− ●7●	− ●5●
272	162	156	162	144	195

●●●	2●3	6●●	●●1	64●	318
− 667	− 16●	− 186	− 57●	− ●●4	− ●●●
286	86	434	156	369	131

SB S. 94/95

① Schärfe deinen Zahlenblick. Ordne die Rechnungen zu. Überprüfe.
Rechne einfache Aufgaben im Kopf.

- 504 – 497
- 306 + 648 + 50
- 937 – 45
- 268 + 735
- 555 – 549
- 304 + 269 + 247

- Ergebnis ungefähr 1000
- Ergebnis kleiner als 10
- Ergebnis zwischen 800 und 900

② Klecksaufgaben

24▢ + 4▢3 = ▢34	▢78 + 24▢ = 9▢7	5▢1 + ▢99 = 72▢	54▢ – ▢86 = 2▢1	9▢4 – ▢61 = 6▢	5▢2 – ▢6▢ = 263

③

gekauft	Gesamtpreis	gegeben	Rückgeld
2 Bleistifte 1 Spitzer	______ €		______ €
1 Block 1 Malkasten	______ €		______ €
3 Bleistifte 1 Radiergummi 1 Block	______ €		______ €
2 Blöcke 1 Spitzer	______ €		______ €

Rechne hier oder auf deinem Block.

Rechte Winkel entdecken und zeichnen

SB S. 96/97

Welche Figur hat die meisten rechten Winkel?

(1) Zeichne in die Figuren rechte Winkel ein.
Trage die Anzahl der rechten Winkel ein.

A 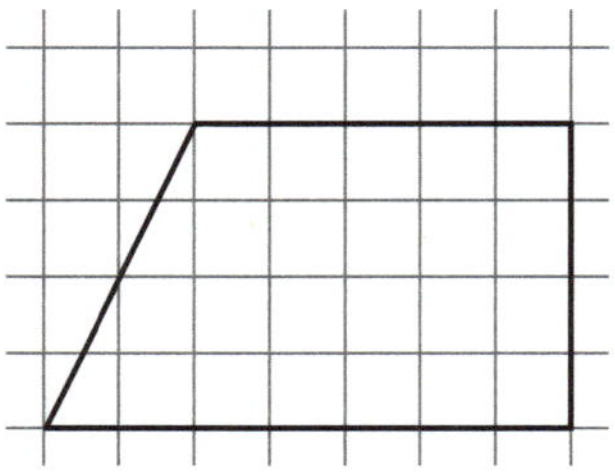

____ ⊾

B 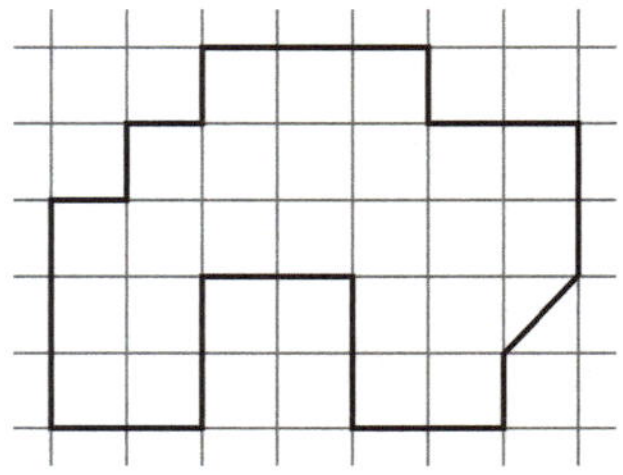

____ ⊾

C 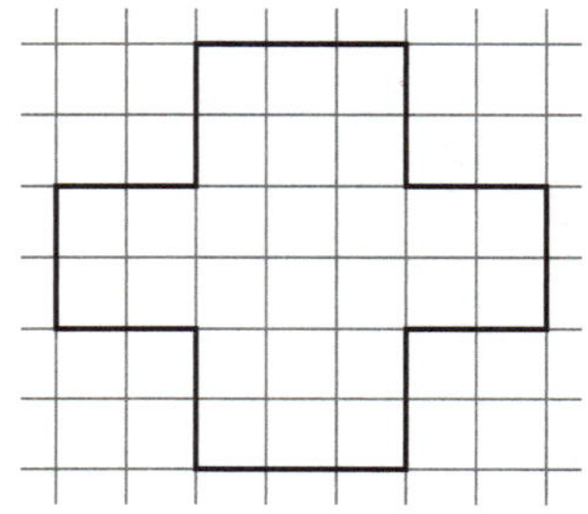

____ ⊾

D 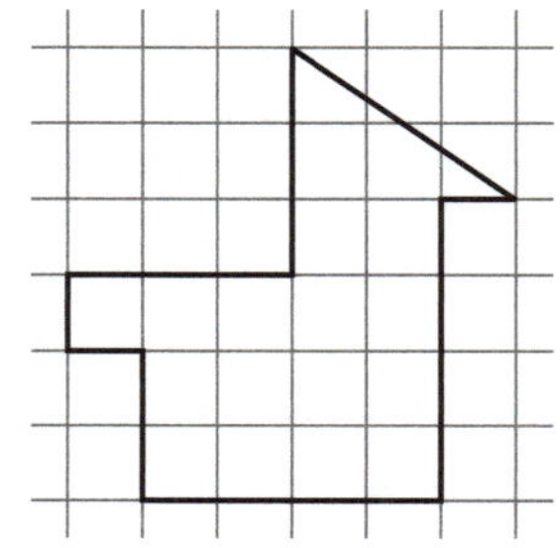

____ ⊾

Figur ____ hat die meisten rechten Winkel.

(2) Färbe die gesuchten Flächen.

Dreiecke mit einem rechten Winkel

Vierecke mit vier rechten Winkeln

Fünfecke mit zwei rechten Winkeln

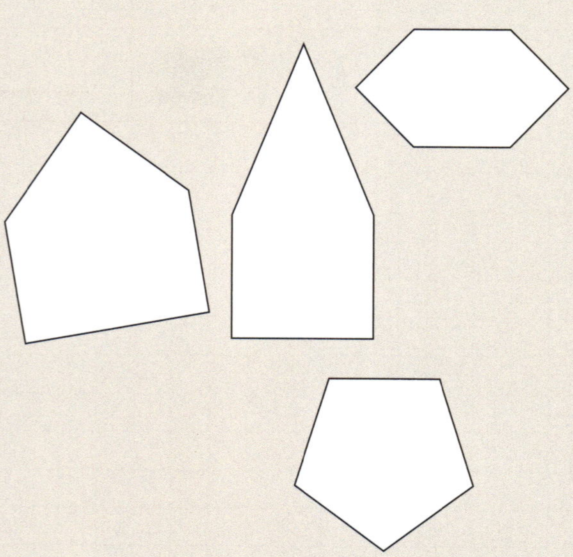

Vierecke mit zwei rechten Winkeln

Geldscheine

① Wie viel Geld ist es?

____ €

____ €

____ €

____ €

② Welche Geldscheine können es sein? Vergleiche mit deinem Partner.

180 €

300 €

120 €

400 €

③ Rätsel mit Geldscheinen

a) Senay hat 3 Geldscheine. Wie viel Geld hat sie mindestens? Wie viel Geld hat sie höchstens?

b) Timor hat [500 €], [100 €], [50 €]. Er legt einen Schein weg und nimmt einen größeren. Wie viel Geld könnte er jetzt haben?

c) Sascha hat [50 €], [50 €], [100 €]. Er wechselt einen Schein in 3 kleinere. Welche Scheine hat er jetzt?

Schreibe ein Rätsel zu Geldscheinen in dein 📖.

SB S. 100/101

FAHRRAD-MARKT

① **Horky 300**
7-Gang-Schaltung
Rücktrittbremse

② **Allospeed 250**
Alufelgen
Rahmen C-Mo
Komponenten RDTY 15-59

③ Fahrradmantel Stück 10,00 €
④ Werkzeugset .... 12,75 €
⑤ Fahrradflasche ...... 3,25 €
⑥ Fahrradhelm .... 42,00 €
⑦ Beleuchtunggsset... 25,50 €

1 Leon spart für das Fahrrad ①. 137 € hat er bereits gespart. Seine Tante gibt ihm 50 € dazu. Er könnte jeden Monat 4 € von seinem Taschengeld sparen. Da am Fahrrad kein Licht montiert ist, braucht er noch ein Beleuchtungsset.

Rechne aus:

a) Gesamtpreis ______________________

b) vorhandenes Geld ______________________

c) fehlendes Geld ______________________

d) So lange muss er sparen: ______________________

2 Monikas Vater macht die 3 Fahrräder für die Familie „frühjahrsfit“. Jedes Rad bekommt neue Fahrradmäntel. Ein Rad braucht ein neues Beleuchtungsset.

a) Wie viel muss er dafür im Fahrrad-Markt bezahlen?

A: ______________________

An der Kasse nimmt er Werkzeug für 9,90 € mit.

b) Wie viel kostet ihn sein Einkauf insgesamt?

A: ______________________

Ein Kilometer – 1000 Meter

SB S. 102/103

① Immer ein Kilometer: Ergänze. Überprüfe durch Nachrechnen.

1 km	
700 m	300 m
400 m	
	800 m
	200 m
900 m	

1 km	
350 m	
780 m	
	430 m
220 m	
	660 m

1 km	
451 m	
	338 m
722 m	
	546 m
912 m	

② Ergänze. Überprüfe durch Nachrechnen.

1 km = ______ · 100 m

1 km = ______ · 200 m

1 km = ______ · 500 m

1 km = ______ · 250 m

③ a) Ergänze die Tabelle.

	1 Minute	2 Minuten	5 Minuten	10 Minuten	20 Minuten
Fußgänger	50 m				
Jogger	250 m				
Schlange	200 m				
Pferd	500 m				
Gepard	2 km				
Schnecke	20 cm				

b) Wann erreicht jeder einen Kilometer? Du kannst auch auf deinem Block rechnen.

Fußgänger: ______________

Jogger: ______________

Schlange: ______________

Gepard: ______________

Pferd: ______________

★ Schnecke: ______________

④ Katharina geht zu Fuß zu Mateja. Sie schafft 100 m in 2 Minuten.
Der Weg ist 1 km und 500 m lang. Wie viele Minuten braucht sie?

A: ______________________________

Multiplizieren ⊙ und Dividieren ⊙ mit 10 und 100

1 Rechne.

a)

6 · 10 = ____	4 · 10 = ____	5 · 100 = ____	80 · 10 = ____
6 · 100 = ____	40 · 10 = ____	50 · 10 = ____	8 · 10 = ____
60 · 10 = ____	4 · 100 = ____	5 · 10 = ____	8 · 100 = ____

b)

7 · ____ = 70	8 · ____ = 80	30 · ____ = 300	50 · ____ = 500
7 · ____ = 700	80 · ____ = 800	3 · ____ = 300	5 · ____ = 50
70 · ____ = 700	8 · ____ = 800	3 · ____ = 30	5 · ____ = 500

2 Rechne Aufgabe und Umkehraufgabe.

500 : 1 = ____	500 · 1 = 500	600 : 10 = ____	____ · ____ = ____
500 : 10 = ____	____ · ____ = ____	600 : 1 = ____	____ · ____ = ____
500 : 100 = ____	____ · ____ = ____	600 : 100 = ____	____ · ____ = ____

3 Rechne.

· 10 →	
4	
	80
60	
	500

· 100 →	
	900
7	
	500
3	

: 10 →	
70	
	20
400	
	30

: 100 →	
900	
100	
	7
	4

4 Färbe den richtigen Weg. Kreise die Zielzahl ein.

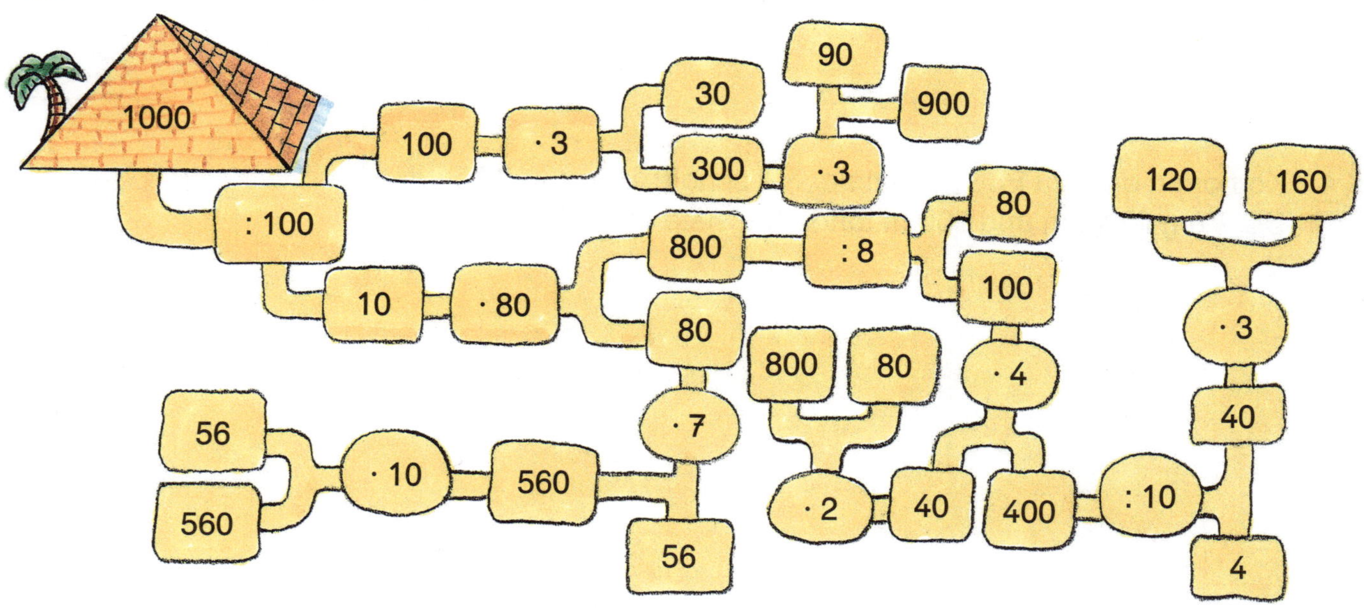

1 Rechne.

4 · 6 = ____	6 · 7 = ____	9 · 5 = ____	3 · 7 = ____
4 · 60 = ____	6 · 70 = ____	9 · 50 = ____	3 · 70 = ____
40 · 6 = ____	60 · 7 = ____	90 · 5 = ____	30 · 7 = ____

2 Rechne.

____ · 50 = 500	____ · 9 = 360	180 = ____ · 6	240 = ____ · 80
____ · 5 = 250	____ · 90 = 540	240 = ____ · 60	720 = ____ · 8
____ · 50 = 300	____ · 9 = 450	300 = ____ · 6	640 = ____ · 80
____ · 5 = 350	____ · 90 = 720	420 = ____ · 60	400 = ____ · 8

3 Rechne mit der Malaufgabe.

480 : 60 = ____	8 · 60 = 480	360 : 6 = ____	____ · ____ = ____
800 : 80 = ____	____ · ____ = ____	420 : 70 = ____	____ · ____ = ____
720 : 9 = ____	____ · ____ = ____	300 : 6 = ____	____ · ____ = ____

4 Schreibe drei verwandte Aufgaben auf.

72 : 8 = ____	63 : 7 = ____	54 : 6 = ____	49 : 7 = ____
720 : 8 = ____	630 : 7 = ____	540 : ____ = ____	490 : ____ = ____
720 : 80 = ____	____ : ____ = ____	____ : ____ = ____	____ : ____ = ____

5 a) Male die Aufgabenkärtchen in der passenden Farbe an.
Vorsicht: Vier Aufgaben bleiben übrig.

400 160 360 1000

4 · 90	2 · 80	4 · 250	4 · 40	80 · 5	
500 · 2	60 · 6	5 · 8	10 · 100	10 · 40	10 · 10
40 · 4	8 · 20	50 · 8	60 · 3	9 · 40	

b) Finde für die leeren Kärtchen passende Malaufgaben.

SB S. 110/111

1 Umfahre alle Aufgaben mit Übertrag. Rechne alle Aufgaben.

229 + 447	347 + 421	525 + 246	462 + 527	139 + 546
856 + 427	481 + 362	248 + 441	338 + 516	765 + 156

2 Umfahre die Aufgaben, bei denen du wechseln musst. Rechne alle Aufgaben.

625 − 172	926 − 413	867 − 49	318 − 206	746 − 328
625 − 473	394 − 173	539 − 394	886 − 374	968 − 598

3 Rechne.

6 · 1 = ____	4 · 10 = ____	5 · 100 = ____	8 · 100 = ____
6 · 10 = ____	4 · 100 = ____	5 · 1 = ____	8 · 10 = ____
6 · 100 = ____	4 · 1 = ____	5 · 10 = ____	8 · 1 = ____

700 : 100 = ____	800 : 100 = ____	200 : 100 = ____	480 : ____ = 48
400 : 10 = ____	600 : 100 = ____	900 : 10 = ____	200 : ____ = 2

4 Rechne.

4 · 6 = ____	6 · 7 = ____	72 : 8 = ____	63 : 7 = ____
4 · 60 = ____	6 · 70 = ____	720 : 8 = ____	630 : 7 = ____
40 · 6 = ____	60 · 7 = ____	720 : 80 = ____	____ : ____ = ____

SB S. 110/111

1 Rechne nur die Aufgaben mit Übertrag.

326	818	468	519	386
+ 183	+ 161	+ 466	+ 347	+ 153

2 Rechne nur die Aufgaben, bei denen du wechseln musst.

623	528	712	656	915
− 317	− 165	− 441	− 245	− 744

3 Klecksaufgaben

356	66●	1●7	9●	5●6	●2●
+ ●●7	+ 3●9	+ 49●	+ 3●6	+ ●9●	+ 4●1
643	984	652	483	934	790

54●	924	●37	42●	2●3	6●●
− 2●3	− 7●●	− 3●1	− 2●0	− 16●	− 186
278	162	156	162	86	434

4 Rechne.

500 = ____ · 50   360 = ____ · 9   320 = ____ · 8   210 = ____ · 7

250 = ____ · 5   540 = ____ · 90   240 = ____ · 80   350 = ____ · 70

5 Rechne.

8 · 40 = ____   9 · 30 = ____   6 · 40 = ____

8 · 60 = ____   9 · 70 = ____   6 · 90 = ____

36 : 4 = ____   56 : 7 = ____   24 : 8 = ____

360 : 4 = ____   560 : 7 = ____   240 : 8 = ____

360 : 40 = ____   560 : 70 = ____   240 : 80 = ____

Genaue und ungefähre Angaben

SB S. 112/113

① Wie gehören die Zahlen zusammen? Verbinde.

ca. 200 | über 800 | etwa 60 | über 700

rund 700 | etwa 350 | über 70 | ca. 400

697 | 839 | 186 | 59 | 407 | 723 | 342 | 72

② a) So hoch wachsen Bäume. Zeichne ein Diagramm.

Eibe	ca. 15 m
Eiche	ca. 20 m
Feldahorn	ca. 10 m
Fichte	ca. 30 m
Hasel	ca. 15 m

Kastanie	ca. 25 m
Kiefer	ca. 35 m
Tanne	ca. 40 m
Redwood-Baum (Amerika)	ca. 110 m
Sequoia-Baum (Amerika)	ca. 95 m

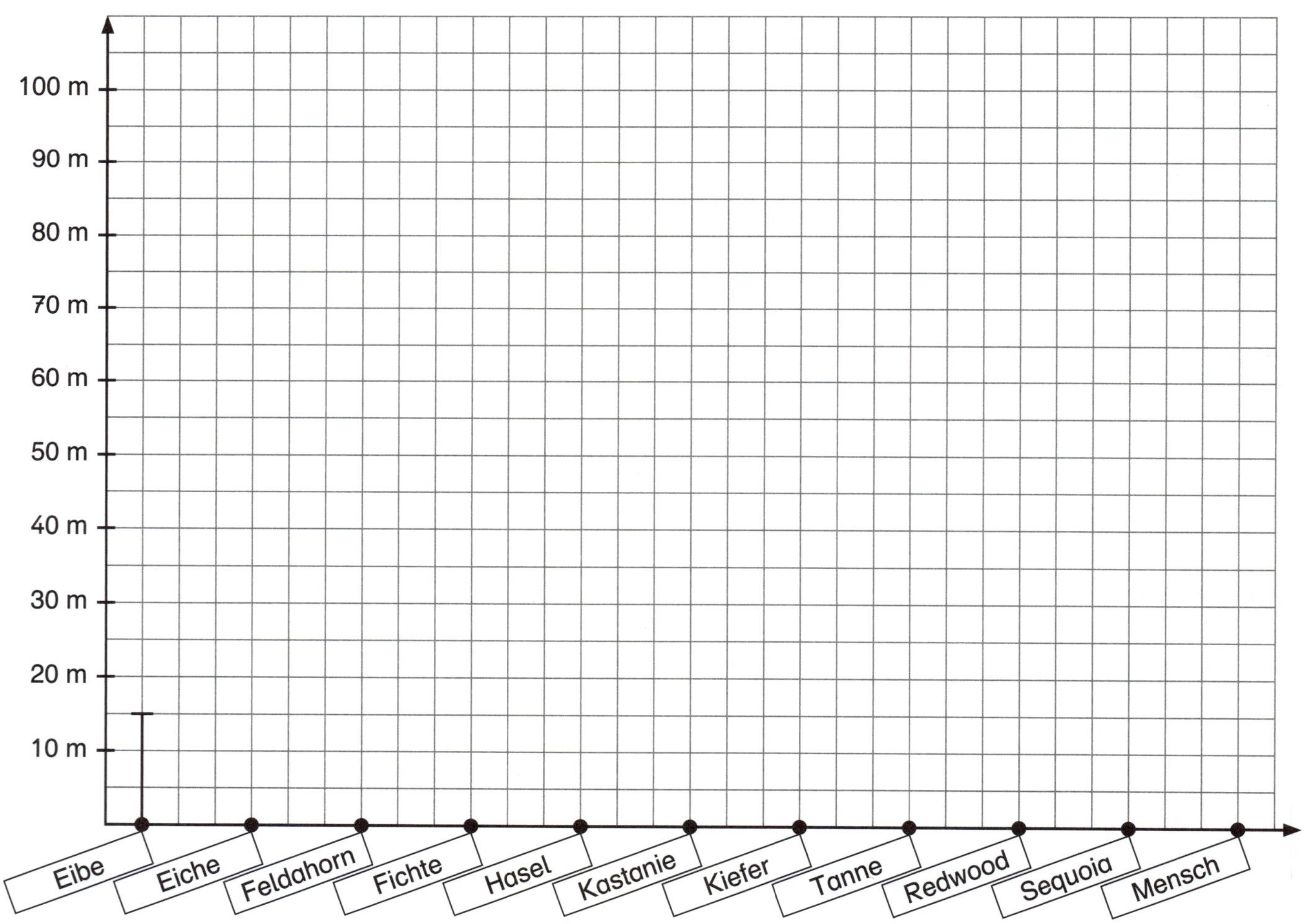

b) Wie groß ist in deinem Diagramm ein Mensch? Zeichne ein.

(1) Wie groß sind diese Flächen? Miss mit kleinen Quadraten aus.

Zwei Dreiecke ergeben auch ein Quadrat □!

A

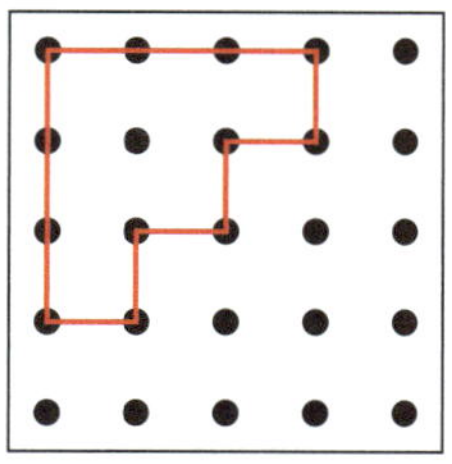

___ □

B

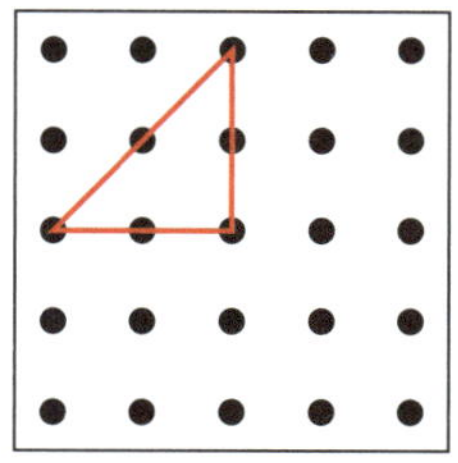

___ □

C

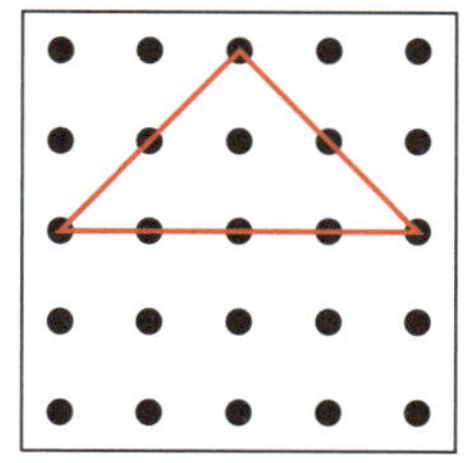

___ □

D

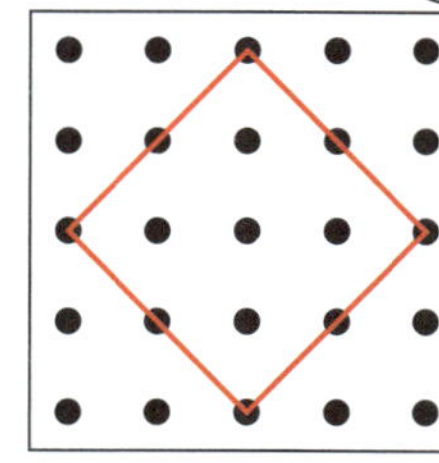

___ □

E

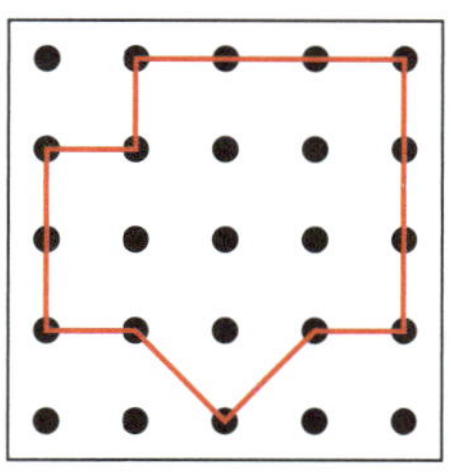

___ □

F

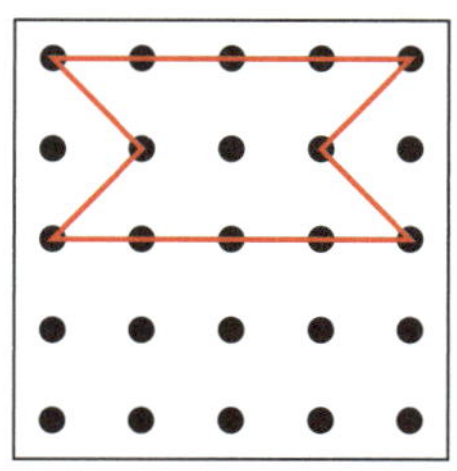

___ □

G

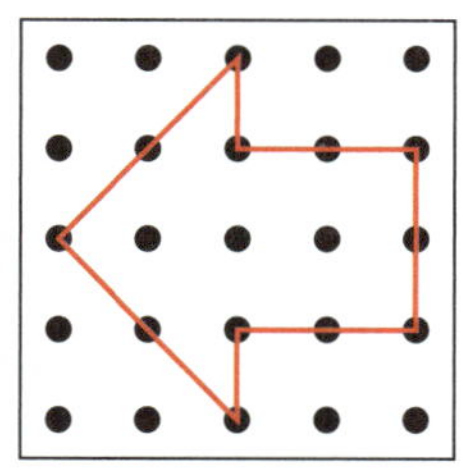

___ □

H

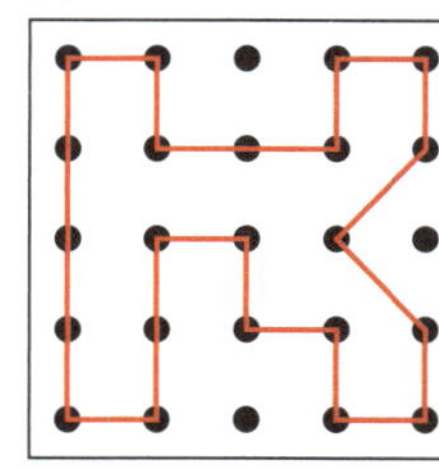

___ □

Die größte Fläche hat Figur ___ .

(2) Welche Figur hat den kleinsten Umfang?

Ich vermute: Es ist Figur ___ .

Den Umfang kann man durch die Anzahl der Kästchenlängen (KL) bestimmen.

A

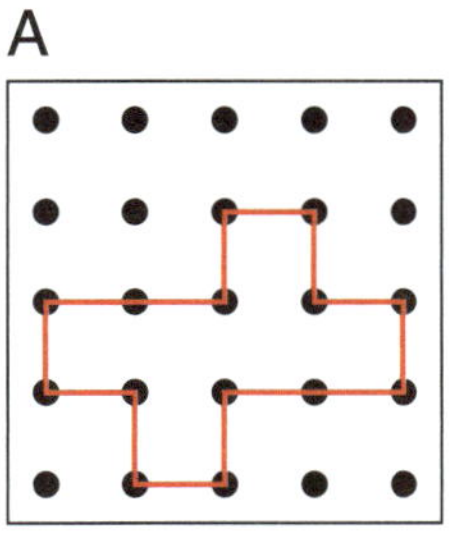

___ KL

B

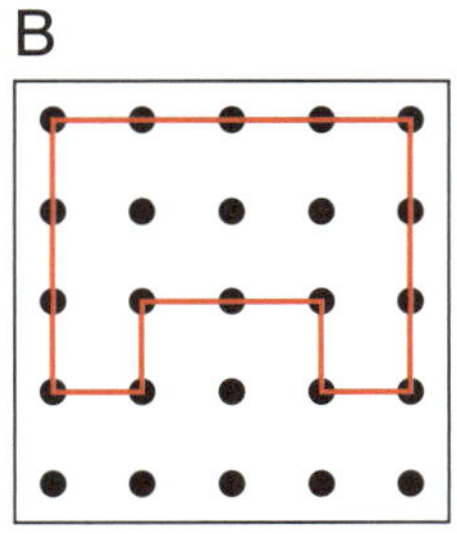

___ KL

C

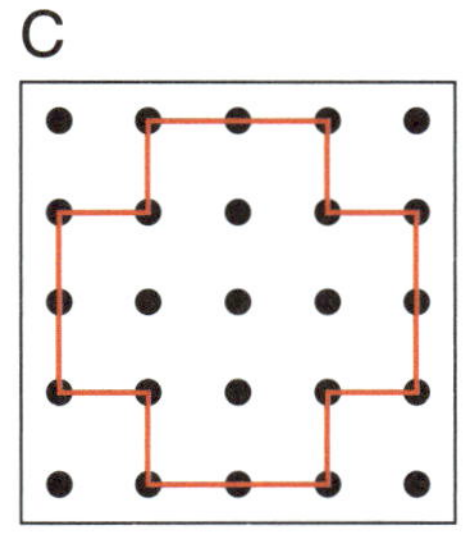

___ KL

D

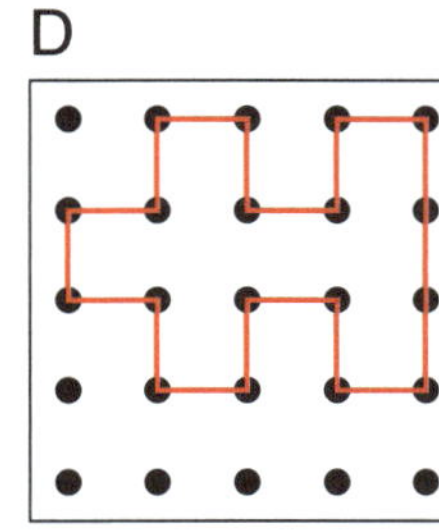

___ KL

Ich habe es überprüft: Es ist Figur ___ .

(3) Ergänze die Figuren achsensymmetrisch.

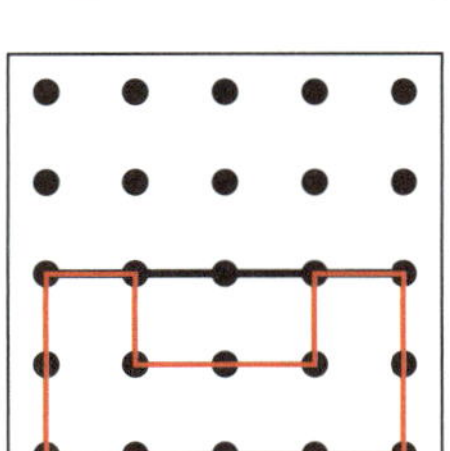

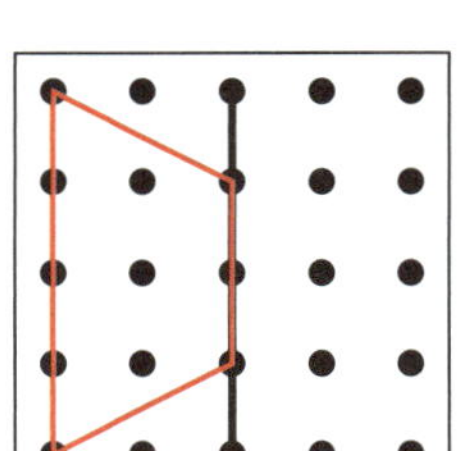

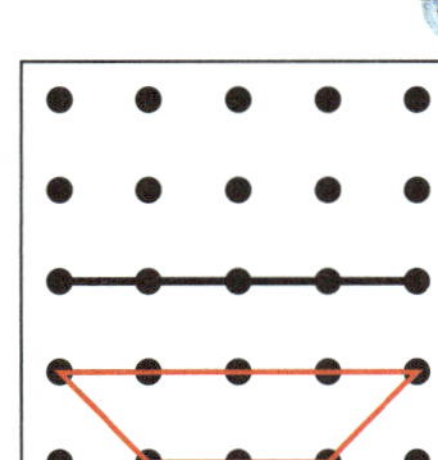

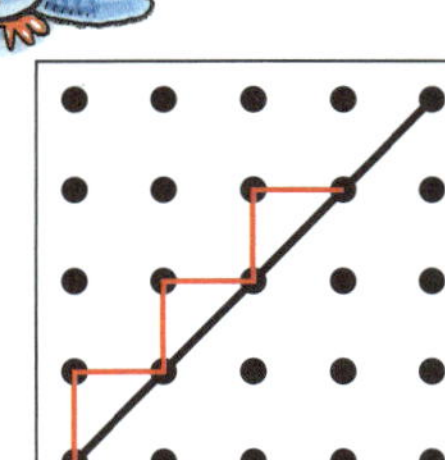

Vergrößern

SB S. 116

① Setze ein: 1 2 Kästchen doppelte

Maßstab 2 : 1 heißt: Ich zeichne 2 Kästchen für ____ Kästchen.

Ich zeichne 4 ________________ für ____ Kästchen.

Ich zeichne immer die ________________ Länge.

② Zeichne im Maßstab 2 : 1.

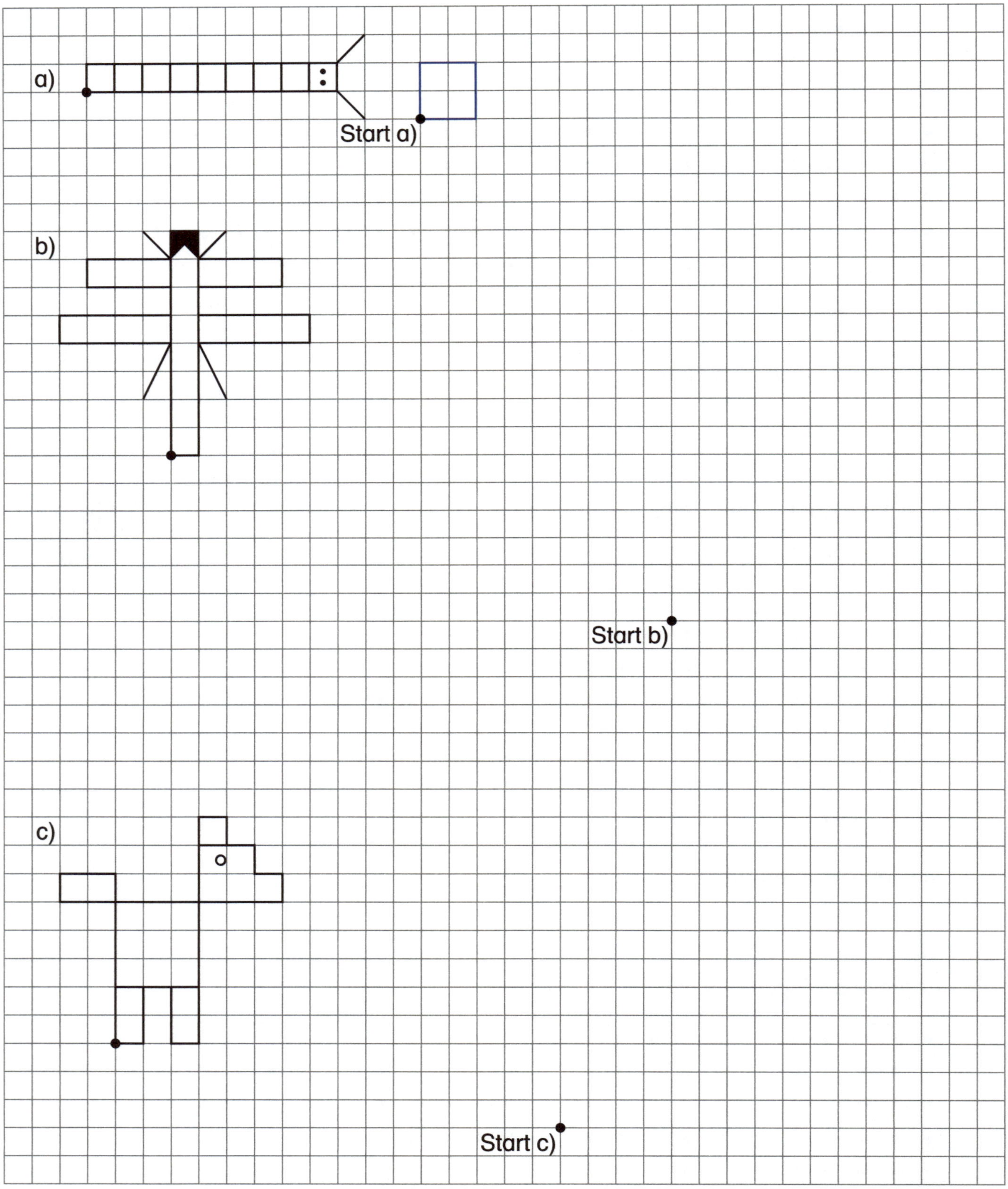

Verkleinern

SB S. 117

① Setze ein: 1 | 2 | 4 | halbe

Maßstab 1:2 heißt: Ich zeichne ____ Kästchen für 2 Kästchen.

Ich zeichne ____ Kästchen für ____ Kästchen.

Ich zeichne immer die ______________ Länge.

② Zeichne im Maßstab 1:2.

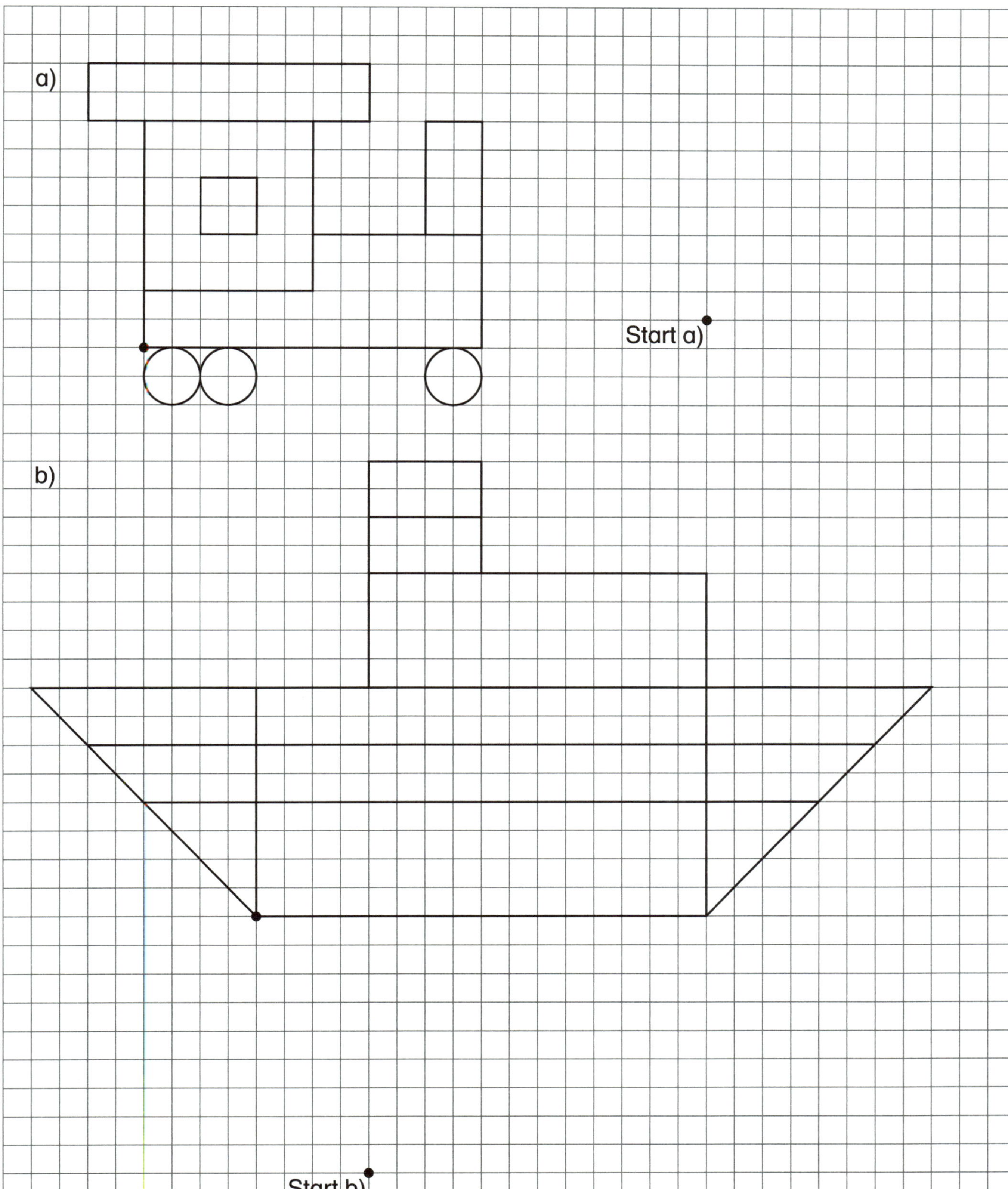

Denken, rechnen, knobeln

SB S. 118/119

(1) Vergrößere die Grundsteine immer um 1 und rechne.

a)

b)

c)

d) Wie verändern sich die Zielsteine? Erkennst du das Muster? Vergleiche mit deinem Partner. ____________________

____

____

(2) Berechne jeweils die erste Mauer. Erhöhe die Grundsteine gleichmäßig, sodass du den Zielstein erreichst.

a)

b)

c)

d)

Überschlagen und überprüfen

① Welche Überschläge passen am besten? Male an.

a)	453 + 151 + 386	400 + 200 + 400	400 + 100 + 300	500 + 200 + 400
b)	291 + 185 + 417	200 + 100 + 400	300 + 200 + 400	300 + 200 + 500
c)	367 + 158 + 275	400 + 100 + 300	400 + 200 + 300	300 + 100 + 200
d)	613 + 86 + 256	600 + 100 + 250	600 + 200	600 + 100 + 300

Rechne nun genau. Vergleiche mit dem Überschlag.

a)

	4	5	3
	1	5	1
+	3	8	6

b)

c)

d)

Brauchst du hier ein genaues Ergebnis? Reicht dir ein Überschlag?

② Richtig oder falsch? Begründe.

a) 281 + 355 = 536

b) 524 + 336 = 860

c) 1000 – 687 = 423

③ Richtig r oder falsch f ? Überprüfe mit der Umkehraufgabe.

	6	5	3
–	2	1	8
	4	3	5

→ ☐

	4	3	5
+	2	1	8

	8	1	4
–	6	8	5
	1	8	9

→ ☐

	4	5	6
+	2	7	5
	7	3	1

→ ☐

	2	8	7
+		9	8
	2	8	5

→ ☐

SB S. 122/123

① Wandle um.

60 s = ____ min

180 s = ____ min

300 s = ____ min

60 min = ____ h

240 min = ____ h

360 min = ____ h

② Wandle um.

1 Stunde = ____ Minuten

1 halbe Stunde = ____ Minuten

1 Viertelstunde = ____ Minuten

1 Dreiviertelstunde = ____ Minuten

1 Minute = ____ Sekunden

1 Tag = ____ Stunden

120 Sekunden = ____ Minuten

90 Minuten = ____________________

③ Wie viele Minuten fehlen bis zu einer Stunde? Ergänze. Überprüfe durch Nachrechnen.

15 min + ____ min = 1 h

30 min + ____ min = 1 h

45 min + ____ min = 1 h

12 min + ____ min = 1 h

38 min + ____ min = 1 h

47 min + ____ min = 1 h

④ Wie lange dauert es? Berechne die Zeitspannen.

a) Kino
Beginn: 13.45 Uhr
Ende: 16.07 Uhr
Dauer der Vorstellung:
____ Stunden ____ Minuten

b) Zugfahrt
Abfahrt: 9.17 Uhr
Ankunft: 14.12 Uhr
Fahrtdauer:
____ Stunden ____ Minuten

c) Wanderung
Start: 8.30 Uhr
Ende: 12.25 Uhr
Dauer der Wanderung:
____ Stunden ____ Minuten

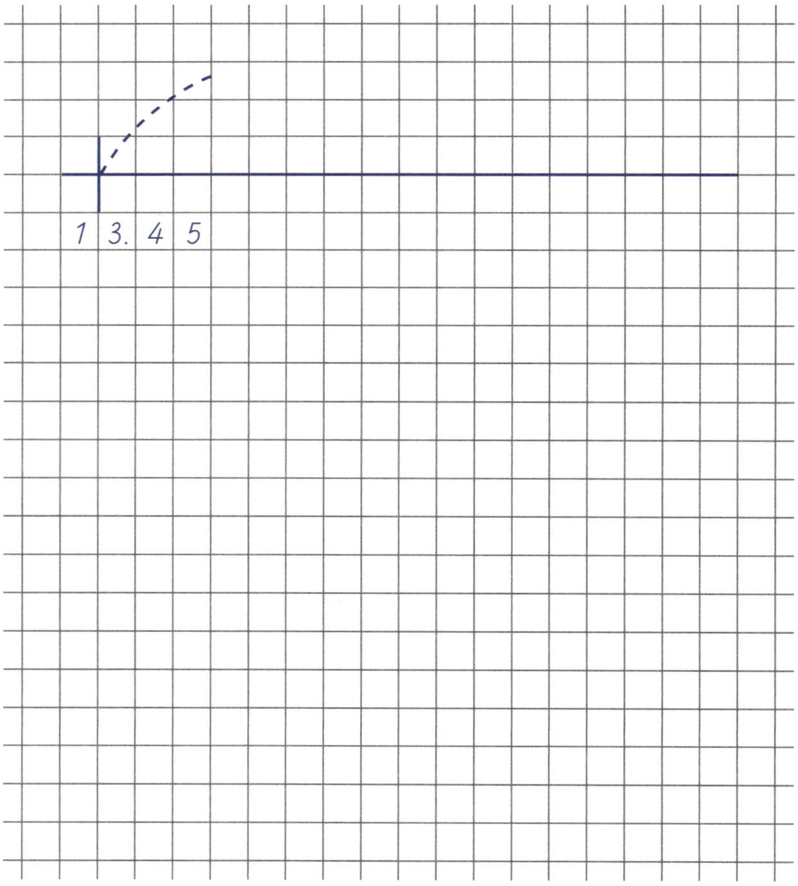

⑤ Gestalte eine Merkseite zu Sekunden – Minuten – Stunden in deinem 📖.

Eine Reise nach Berlin

Nürnberg → Berlin Hbf
Fahrplanauskunft

Ab	Gleis	Umst.	An
09.33	7	1	14.21
10.05	6	2	15.21
12.00	5	2	17.08

Ab	Gleis	Umst.	An
12.35	3	2	18.07
13.06	7	0	18.05
14.35	6	1	19.25

(1) a) Wie lange dauern die Fahrten von Nürnberg nach Berlin jeweils?

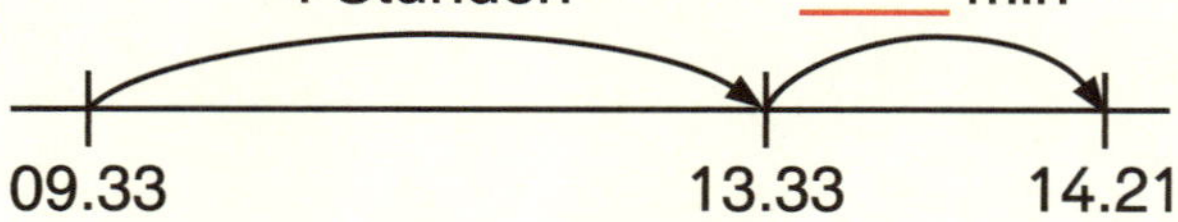

Fahrtdauer: ____ Stunden ____ Minuten

10.05

Fahrtdauer: ____ Stunden ____ Minuten

Fahrtdauer: ____ Stunden ____ Minuten

Fahrtdauer: ____ Stunden ____ Minuten

Fahrtdauer: ____ Stunden ____ Minuten

Fahrtdauer: ____ Stunden ____ Minuten

b) Berechne den Zeitunterschied zwischen der kürzesten und der längsten Fahrzeit.

____

(2) Frau Müller will um 18.30 Uhr in Berlin sein. Wann muss sie spätestens in Nürnberg losfahren? ____

(3) Herr Böhmer fährt mit dem Auto. Er fährt um 9.30 Uhr in Nürnberg los und kommt um 14.45 Uhr in Berlin an. Vergleiche mit der Bahn.

____

____

Berlin ist eine Reise wert

SB S. 126/127

① a) Welches Gebäude befindet sich in Planquadrat F 7? ____________

b) Welches Gebäude befindet sich in Planquadrat I 6? ____________

c) Welches Gebäude befindet sich in Planquadrat H 6? ____________

② a) In welchem Planquadrat ist die Volksbühne? ____________

b) In welchem Planquadrat ist das Kanzleramt? ____________

c) In welchem Planquadrat liegt die Straße des 17. Juni? ____________

③ Zeichne in der Karte den folgenden Weg ein:
Du gehst vom Brandenburger Tor zum Fernsehturm und weiter zur Volksbühne.
Von dort läufst du zunächst zum Naturkundemuseum und dann zum Brandenburger Tor zurück.

Vergleicht eure Wege.

SB S. 128/129

① Setze die Parkette fort.

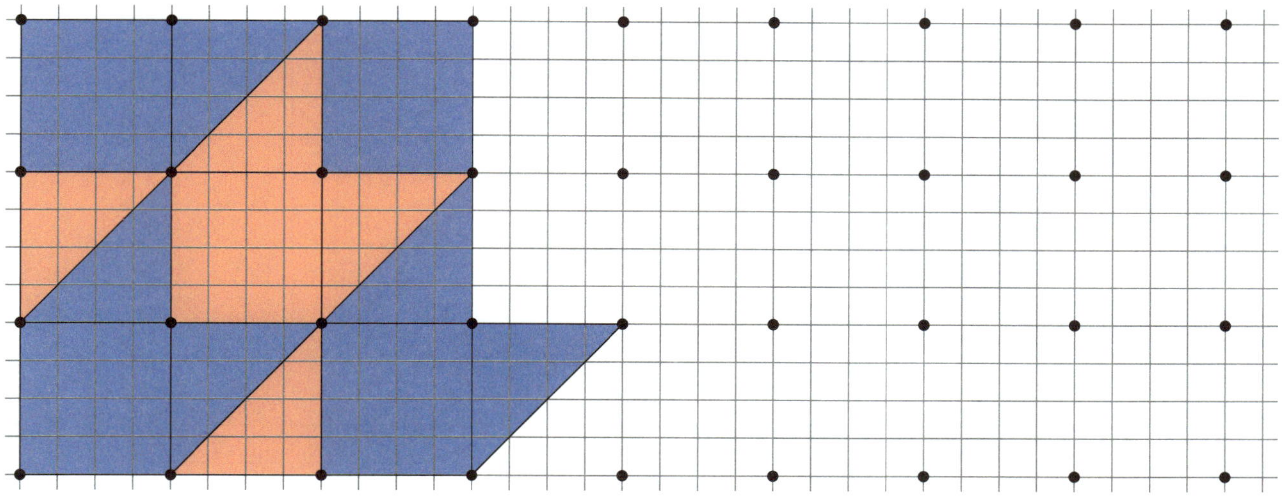

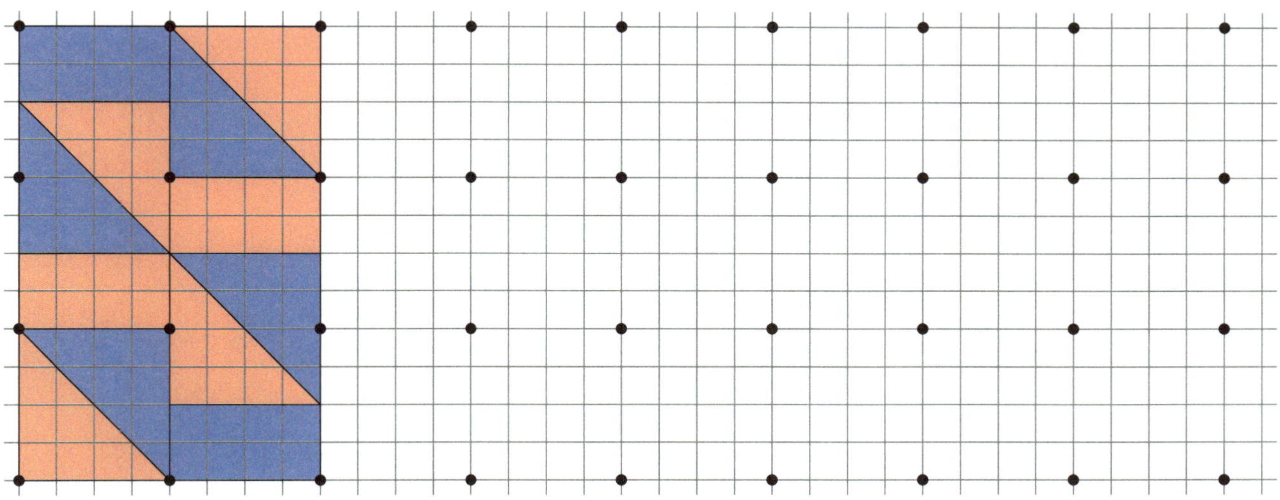

② Setze das Parkett fort.

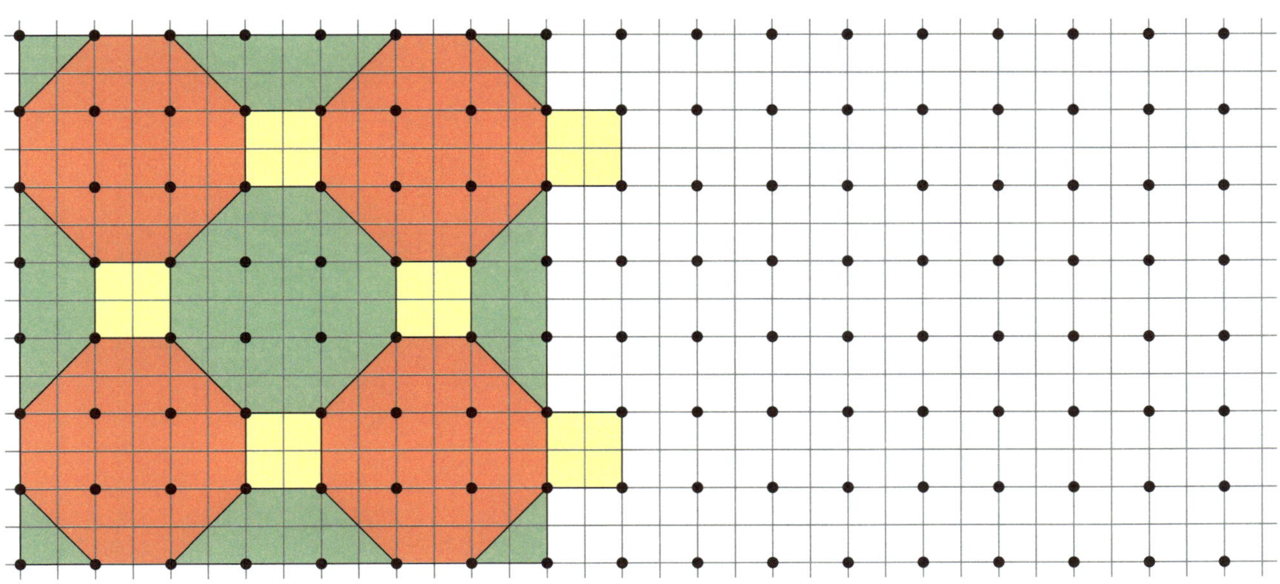

SB S. 128/129

① Setze die Parkette fort.

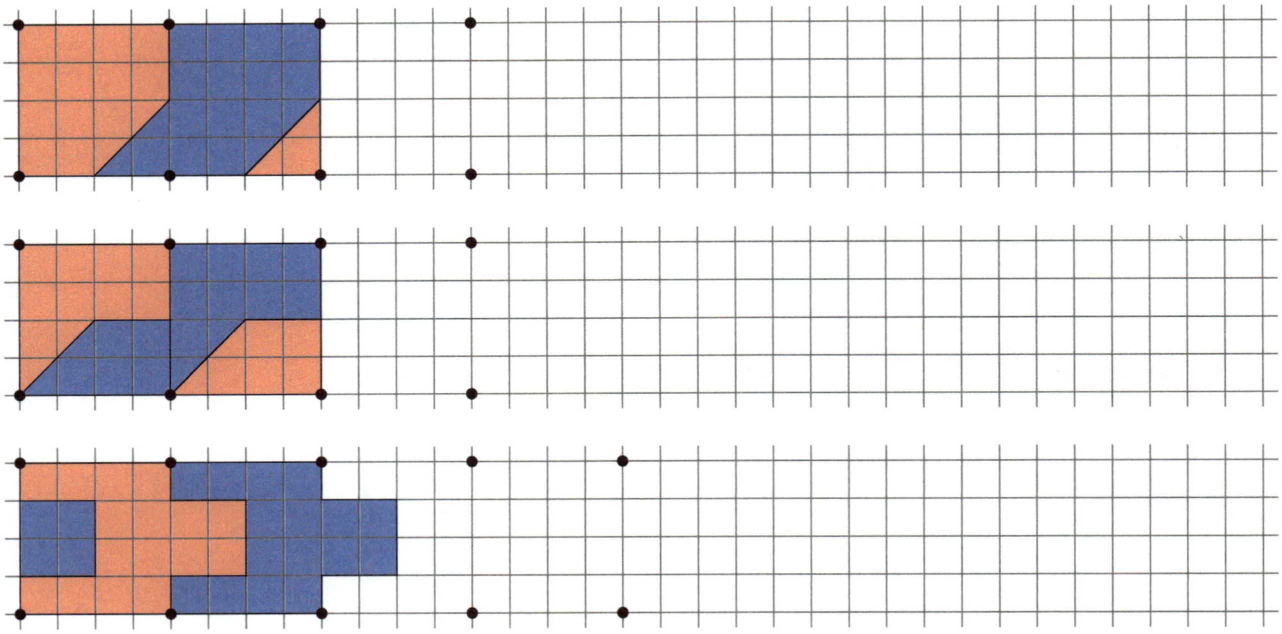

② Vom Quadrat zum Frosch: Setze das Parkett fort.

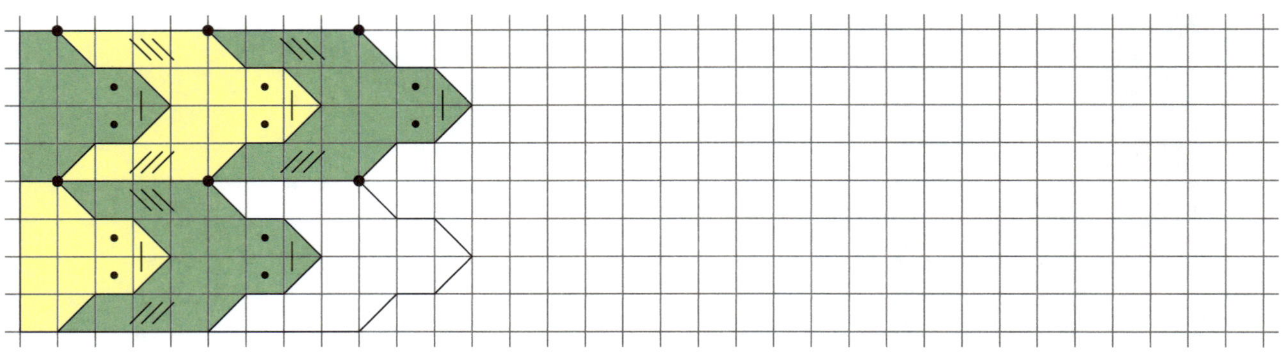

③ Vom Quadrat zum Riesenrochen: Setze das Parkett fort.

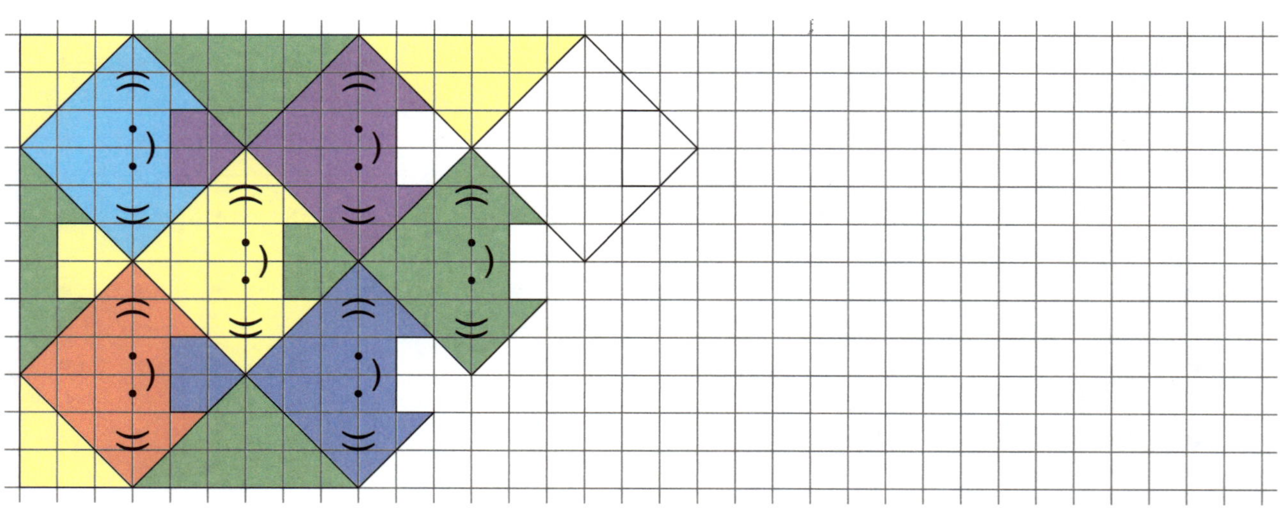

Male selbst Parkette in dein 📖.

SB S. 130/131

① Hilf Simsala und Bim, die Lücken in ihrem Forscherbuch zu füllen.

Name	Steini-Dino	Aqua-Dino	Duplo-Dino	Gumbo-Dino	Ohro-Dino
Gewicht	906 kg		1200 kg	881 kg	
Alter	226 Jahre	834 Jahre	567 Jahre		405 Jahre
Größe		30 m		21 m	16 m

Ich bin so groß wie Aqua-Dino, Gumbo-Dino und Ohro-Dino zusammen.

Ich bin zweimal 38 kg leichter als Steini-Dino.

Wenn du von meinem Gewicht 900 kg abziehst und die Zahl dann durch 6 teilst, weißt du meine Größe in m.

Ich bin doppelt so alt wie Steini-Dino.

Meine 2 Ohren wiegen je 58 kg, der Rest 225 kg. Wie schwer bin ich?

② Rätsel

Wer bin ich?
Wenn du 2 · 200 rechnest und dann noch 5 dazuzählst, weißt du mein Alter.

Name: ____________

Wer bin ich?
Wenn du von 2000 kg das Doppelte von 547 kg abziehst, erhältst du mein Gewicht.

Name: ____________

Wer bin ich?
Verdopple die Zahl 150. Teile sie nun durch 10. Jetzt weißt du meine Größe.

Name: ____________

SB S. 132/133

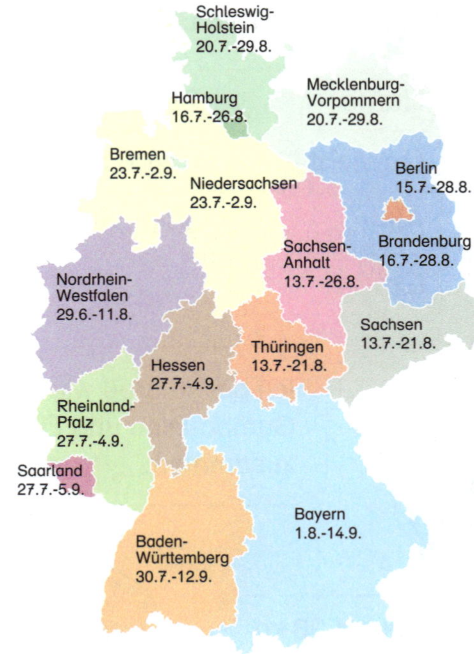

(1) a) Welches Bundesland beginnt als erstes mit den Ferien?

____

b) Welches Bundesland beginnt als letztes?

____

c) In welchen Bundesländern beginnen die Ferien am 20.7. und enden am 29.8.?

____

____

(2) Wie lang sind die Sommerferien in den folgenden Bundesländern?

Bundesland	Bayern BY	Baden-Württemberg BW	Nordrhein-Westfalen NRW	Berlin B
Tage				

(3) a) Du ziehst in den Sommerferien von Nordrhein-Westfalen nach Bayern. Wie viele Tage hast du Ferien?

A: _______________

b) Du ziehst zu Beginn der Ferien von Bayern nach Nordrhein-Westfalen. Wie viele Tage hast du Ferien?

A: _______________

Ferienbeginn in NRW

____

Ferienende in BY

____

★ (4) An welchen Tagen haben im Bild oben alle Schüler in Deutschland Sommerferien?

A: _______________

____

____

Ferienbeginn in BY

____

Ferienende in NRW

____

Finde eigene Fragestellungen.

SB S. 134/135

1 Wie heißen die Zahlen?

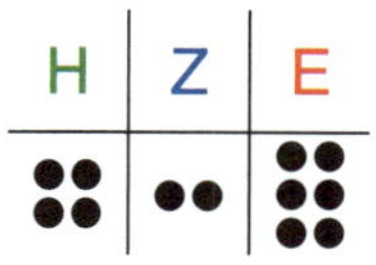

4 H __ Z __ E = ____

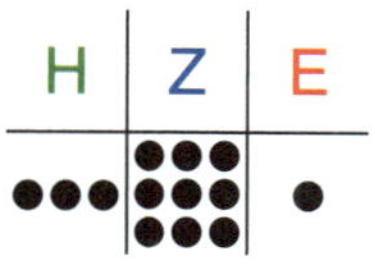

__ H __ Z __ E = ____

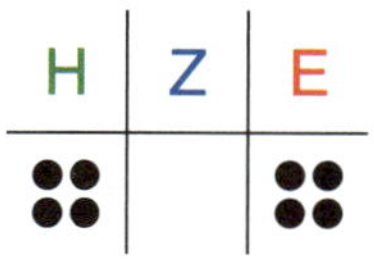

__ H __ Z __ E = ____

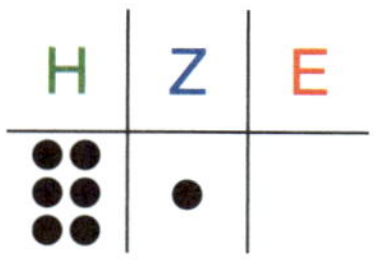

__ H __ Z __ E = ____

2 Rechne.

a)

3 · 9 = ____	4 · 8 = ____	7 · 5 = ____	9 · 3 = ____
4 · 7 = ____	4 · 6 = ____	7 · 10 = ____	9 · 6 = ____
5 · 5 = ____	4 · 4 = ____	7 · 7 = ____	9 · 9 = ____

b)

24 = 3 · ____	42 = 6 · ____	32 = 4 · ____	20 = 5 · ____
48 = ____ · 8	36 = ____ · 6	16 = ____ · 4	40 = ____ · 10
56 = 7 · ____	24 = 6 · ____	40 = 4 · ____	60 = 10 · ____

3 Rechne.

a)

72 : 9 = ____	48 : 8 = ____	54 : ____ = 6	63 : ____ = 9
36 : 9 = ____	24 : 8 = ____	45 : ____ = 9	56 : ____ = 8

b)

360 : 10 = ____	450 : 10 = ____	1000 : 10 = ____	400 : 10 = ____
360 : 60 = ____	450 : 50 = ____	1000 : 20 = ____	400 : 80 = ____

4 Schriftlich addieren

285	519	609	489	543
+ 324	+ 214	+ 215	+ 122	+ 457

5 Schriftlich subtrahieren

634	725	543	986	1000
− 321	− 216	− 152	− 297	− 245

Bist du fit? ⑤

1 Rechne.

a)
36 : 4 = ____
360 : 40 = ____
370 : 40 = ____

b)
48 : 8 = ____
480 : 80 = ____
500 : 80 = ____

c)
30 : 5 = ____
300 : 50 = ____
325 : 50 = ____

d)
18 : 3 = ____
180 : 30 = ____
195 : 30 = ____

e)
72 : 9 = ____
720 : 90 = ____
750 : 90 = ____

f)
54 : 6 = ____
540 : 60 = ____
550 : 60 = ____

2 Rechne.

673	555	931	642	963	476
+ 288	+ 282	− 55	− 279	− 216	+ 353

3 Auf welchem Weg findet jeder Geist zu seiner Flasche? Rechne und verbinde.

50 · 7 = 350	315 + 45 = ____	432 + 43 = ____
350 + 38 = 388	40 · 7 = ____	475 + 65 = ____
320 : 40 = ____	360 : 9 = ____	540 : 60 = ____
388 − 68 = ____	280 + 54 = ____	630 + 90 = ____
8 · 70 = ____	334 + 66 = ____	9 · 70 = ____
560 : 8 = ____	400 : 5 = ____	720 : 8 = ____